第五代固定网络（F5G）全光网技术丛书

全光自动驾驶网络
架构与实现

张杰 罗贤龙 ◎ 编著

清华大学出版社

北京

内 容 简 介

本书是"第五代固定网络(F5G)全光网技术丛书"中的一个分册,全面介绍了F5G背景下全光自动驾驶网络的相关内容,包括全光自动驾驶网络的原理特征、系统架构、业界实践、关键技术及系统安全等。

本书共分7章:第1、2章主要介绍了光网络运维面临的挑战和全光自动驾驶网络的概念;第3章主要介绍了全光自动驾驶网络的系统架构;第4章主要介绍了全光自动驾驶网络的业界实践,着重解读规建自动化、维护自动化、网优自动化、运营自动化四个方面的技术实现;第5章主要介绍了全光自动驾驶网络的关键技术,从AI技术、大数据技术、算力技术和自动化协议技术四个方面深度剖析了全光自动驾驶网络的技术细节;第6章简要介绍了全光自动驾驶网络的系统安全技术;第7章对全光自动驾驶网络的发展进行了展望。

本书结构清晰,内容新颖,注重实用,适合作为光通信领域从业者、设计人员、运维人员和研究人员关于全光网络自动化管理和控制系统设计的参考书,也适合作为高等院校通信、计算机和电子信息类专业高年级本科生、研究生的学习用书。

本书封面贴有清华大学出版社防伪标签,无标签者不得销售。

版权所有,侵权必究。举报:010-62782989,beiqinquan@tup.tsinghua.edu.cn。

图书在版编目(CIP)数据

全光自动驾驶网络架构与实现/张杰,罗贤龙编著.—北京:清华大学出版社,2022.4(2023.1重印)
(第五代固定网络(F5G)全光网技术丛书)
ISBN 978-7-302-60271-2

Ⅰ.①全… Ⅱ.①张…②罗… Ⅲ.①光传送网—应用—自动驾驶系统 Ⅳ.①V241.4

中国版本图书馆CIP数据核字(2022)第036832号

责任编辑:刘 星
封面设计:刘 键
责任校对:李建庄
责任印制:宋 林

出版发行:清华大学出版社
  网 址:http://www.tup.com.cn,http://www.wqbook.com
  地 址:北京清华大学学研大厦A座 邮 编:100084
  社 总 机:010-83470000 邮 购:010-62786544
  投稿与读者服务:010-62776969,c-service@tup.tsinghua.edu.cn
  质量反馈:010-62772015,zhiliang@tup.tsinghua.edu.cn
  课件下载:http://www.tup.com.cn,010-83470236

印 装 者:三河市龙大印装有限公司
经 销:全国新华书店
开 本:186mm×240mm 印 张:8.5 字 数:152千字
版 次:2022年5月第1版 印 次:2023年1月第2次印刷
印 数:1501~2500
定 价:79.00元

产品编号:089407-01

FOREWORD

序　　一

    在 1966 年高琨博士关于光纤通信的论文所开拓的理论基础上，1970 年美国康宁公司研制出世界上第一根光纤，从 1970 年到现在过去了半个多世纪，光纤通信覆盖五大洲四大洋并进入亿万百姓家庭，光纤通信起到了信息基础设施底座的重要作用。中国光纤通信后来居上，已成为全球光纤渗透率最高的国家，中国的千兆接入走在国际前列，国内光通信企业产品在全球市场占有率居首位，支撑数字中国的发展并将全球连接在一起成为地球村。

    现在光纤通信的发展仍在加速，数字经济的发展持续提升网络带宽的需求，推动光纤通信技术的进步，光纤通信容量以 20 年几乎千倍的速度在增加，目前单纤通信容量可达 Tb 级别，不过仍然未达到光纤通信容量的理论极限，还有很大的发展空间。在宽带化基础上，光纤通信向着全光化、网络化、智能化、可编程、安全性发展。仿照移动通信发展的代际划分，将光传送技术发展分为多模系统、PDH、SDH、WDM 和全光网几个阶段；光接入网技术也有类似的划分，例如 PSTN、ADSL、VDSL、PON、10G PON。在中国电信、华为、中国信通院、意大利电信、葡萄牙电信等企业的共同倡议下，2020 年 2月欧洲电信标准协会（ETSI）批准成立第五代固定网络（the Fifth Generation Fixed Network，F5G）产业工作组。F5G 将以全光连接（支持 10 万连接/km^2）、增强固定宽带（支持千兆家庭、万兆楼宇、T 级园区）、有保障的极致体验（支持零丢包、微秒级时延、99.999％可用率）作为标志性特征，或者说相比现在的光网络要有带宽的十倍提升、连接数的十倍增长，以及时延缩短为原来的十分之一。2020 年 5月在华为全球分析师大会期间，中国宽带发展联盟、华为公司、葡萄牙电信公司等共同发起 F5G 全球产业发展倡议，得到广泛响应。可以说，F5G 标志着光网络技术进入新时代。

    华为公司积累了多年在光纤通信传送网技术研究、产品开发、组网应用、工程开通和运营支撑及人员培训方面的经验，联合光纤通信领域的高校教师共同编写了《全光传送网架构与技术》《全光接入网架构与技术》《全光自动驾驶网络架构与实现》《全光家庭组网与技术》这四本书，其特点如下：

- 从传输的横向维度看,覆盖了家庭网、园区网、城域网和核心网,除了不含光纤光缆技术与产品的介绍外,新型的光传输设备应有尽有,包括 PON(无源光网络)、ROADM(动态分插复用器)、OXC(光交叉连接)、OTSN(光传输切片网)等,集光通信传送网技术之大全,内容十分全面。

- 从网络的分层维度看,现代光网络已经不仅仅是物理层的技术。本丛书介绍了与光网紧密耦合的二层技术,如 VXLAN(虚拟化扩展的局域网)、EVPN(基于以太网的虚拟专网),以及三层技术,如 SRv6(基于 IPv6 的分段选路)等,此外对时钟同步技术也有专门的论述。

- 从光网络的管控系统看,现代光网络不仅需要提供高带宽的数据传送功能,还需要有高效的管理调度功能。《全光自动驾驶网络架构与实现》一书介绍了如何结合云计算和人工智能技术实现业务开通、资源分配、运维管理和故障恢复的自动化,借助汽车自动驾驶的理念,希望通过智能管控对光网络也能自动驾驭,满足对光传送业务的快速配置、高效提供、可靠传输、智能运维。

这四本书有很强的网络总体概念,从网络架构引出相关技术与设备,从网络与业务的规划设计出发说明相关设备如何组网,从运维管理视角解释如何提升光传送网的价值。以一些部署案例展现成功实践的经验体会,并针对未来社会对网络的需求来探讨全光网技术发展趋势。图书的作者为高校教师和华为光网络团队专家,他们有着丰富的研发与工程实践经验以及深刻的技术感悟,写作上以网络技术为主线而不是以产品为主线,力求理论与实践紧密结合。这些书面向光网时代,聚焦热点技术,内容高端实用,解读深入浅出,图书的出版将对 F5G 技术的完善和应用的拓展起到积极的推动作用。现在 F5G 处于商用的初始阶段,离预期的目标还有一定的距离,期待更多有志之士投身到 F5G 技术创新和应用推广中,为夯实数字经济发展的基石做出贡献。

中国工程院院士

2022 年 1 月

FOREWORD

序　　二

　　自从高锟在 1966 年发表光纤可以作为通信传输媒介的著名论断,以及 1970 年实际通信光纤问世以来,光通信的发展经历了翻天覆地的变化,除了光纤和光器件一代一代地不断创新和升级发展外,从光网络的角度,各个领域也经历了多代技术创新。

- 从传送网领域看,经历了以模拟通信和短距离数据通信系统为代表的第一代传送网,以异步的准同步数字体系(PDH)系统为代表的第二代传送网,以同步数字体系(SDH)系统为代表的第三代传送网,以及以光传送网/波分复用(OTN/WDM)系统为代表的第四代传送网的变化,目前以可重构光分插复用器/光交叉连接器(ROADM/OXC)为代表的第五代传送网已经迈入大发展阶段。
- 从接入网领域看,也同样经历了多代技术的创新,目前已经进入了以 10/50Gb/s 速率为基本特征的无源光网络(PON)阶段。
- 从用户驻地网领域看,那是一个应用范围、业务需求、传输媒质、终端数量和形态差异极大的多元化开放市场,以光纤到屋(FTTR)为代表的光网络解决方案正逐渐崛起,成为该领域重要的新生力量,具有很好的发展远景。

　　几十年来光网络容量提升了几十万倍,同期光网络比特成本也降为了几十万分之一。除了巨大的可用光谱和超大容量外,光网络的信道最稳定、功耗最低、电磁干扰最小、可用性最高,这些综合因素使得光网络成为电信网的最佳承载技术,造就了互联网、移动网和云计算蓬勃发展的今天。随着光网络的云化和智能化,以自动驾驶自治网为标记的随愿网络正在襁褓之中,必将喷薄而出,将光网络带入一个更高的发展阶段,成为未来云网融合时代最坚实的技术底座,为新一代的应用,诸如 AR/VR、产业互联网、超算机等提供可能和基础。简言之,光网络在过去、现在、将来都是现代信息和数字时代发展不可或缺的、最可靠的、最强大的基础设施。

　　"第五代固定网络(F5G)全光网技术丛书"中的《全光传送网架构与技术》《全光接入网架构与技术》《全光自动驾驶网络架构与实现》《全光家庭组网与技术》这四本书,

全面覆盖了上述各个领域和不同发展阶段的基本知识、架构、技术、工程案例等,是高校教师和华为光网络团队专家多年技术研究与大量工程实践经验的综合集成,图书的出版有助于读者系统学习和了解全光网各个领域的标准、架构、技术、工程及未来发展趋势,从而全面提升对于全光网的认识和管理水平。这些书适合作为信息通信行业,特别是光通信行业研究、规划、设计、运营管理人员的学习和培训材料,也可以作为高校通信、计算机和电子类专业高年级本科生和研究生的参考书。

工业和信息化部通信科技委常务副主任

中国电信科技委主任

2022 年 1 月

FOREWORD
序 三

　　三生有幸，赶上改革开放，得以攻读硕士学位、博士学位，迄今从事了 43 年的光通信与光电子学的科学研究和高等教育，因此也见证了近半个世纪通信技术的发展和中国通信业的由弱变强。

　　改革开放的中国，电信业经历过一段高速发展的时期。我在 1997 年应邀为欧洲光通信会议（ECOC，1997，奥斯陆）所作大会报告中，引用了当年邮电部公布的一系列数据资料，向欧洲同仁介绍中国电信业的飞速发展。后来又连续多年收集数据，成为研究生课堂的教学素材。

　　从多年收集的数据来看，20 世纪的整个 90 年代，中国电信业的年增长率都保持在33%～59%，创造了奇迹的中国电信业，第一次在世界亮相的舞台是 1999 年日内瓦国际电信联盟（ITU）通信展。就在这个被誉为"电信奥林匹克"的日内瓦通信展上，中国的通信企业，包括运营商（中国电信、中国移动、中国联通）和制造商（华为、中兴等）都是首次搭台参展。邮电部也组团参加了会议、参观了展览，我有幸成为其中一名团员。

　　邮电部代表团住在中国领事馆内。早晨在领事馆的食堂用餐时，有人告诉我，另一张餐桌上，坐着的是华为的总裁任正非。一个企业家，参加行业的国际展，不住五星级酒店，而是在领事馆食堂吃稀饭、油条，俨然创业者的姿态，令人肃然起敬。

　　因为要为华为公司组织编写的"第五代固定网络（F5G）全光网技术丛书"中的《全光传送网架构与技术》《全光接入网架构与技术》《全光自动驾驶网络架构与实现》《全光家庭组网与技术》写序，于是回想起这些往事。

　　又过了数年，21 世纪初，我以北京邮电大学校长身份访问深圳，拜会市长，考察通信和光电子行业颇具影响力的三家企业：华为、中兴和飞通。

　　那时的华为，已经显现出腾飞的态势。任正非先生不落俗套，为节省彼此时间，与我站在职工咖啡走廊里一起喝了咖啡，随后就请助手领我去考察生产车间。车间很大，要乘坐电瓶车参观。"这是亚洲最大的电信设备生产车间"，迄今，我仍然记得当时驾车陪同参观的负责人的解说词。

再后来，华为的销售额完成了从 100 亿元到 1000 亿元的增长，又走过从 1000 亿元到 8000 亿元的成长历程。在我担任北京邮电大学校长的十年中，华为一直在高速发展。我办理退休了，也一直感受到华为在国际上的声望越来越高，华为的产品销往了世界各地，研发机构也推延到了海外。

经济在腾飞，高等教育和科技工作也在同步前进。进入 21 世纪的第二个十年，中国在通信领域的科研论文、技术专利数量的增加和质量的提高都是惊人的。连续几年，ECOC 收到的来自中国的论文投稿数量，不是第一，就是第二。于是，会议的决策机构——欧洲管理委员会（EMC）在 2015 年决定，除美国、日本、澳大利亚之外，再增加一名中国的"国际咨询委员"。很荣幸，我收到了这份邀请。

2016 年，第 42 届 ECOC 在德国杜塞尔多夫举行。在会议为参会贵宾组织的游轮观光晚宴上，我遇见华为的刘宁博士，他已经是第二年参加 ECOC，并且担任了技术程序委员会（TPC）的委员，参加审阅稿件和选拔论文录用的工作。在 EMC 的总结会议上，听到会议主席说"投稿论文数量，中国第一""大会的钻石赞助商：华为"。一种自豪的情绪，在我心里油然而生。

在 ECOC 上，常常会碰到来自英国、美国、日本等国家的通信与光电子同行。在瑞典哥德堡会议上，遇见了以前在南安普顿的同事泡尔莫可博士，他在一家美国公司做销售。我对他说，在中国，我可没有见到过你们的产品。他说："中国有华为。"说得我们彼此都笑了。

能在 ECOC 第一天上午的全体大会上作报告，在光通信行业是莫大的荣耀。以前的报告者，常常是欧洲、美国、日本的著名企业家。2019 年的 ECOC，在爱尔兰的都柏林举行，全体大会报告破天荒地邀请了两位中国企业家作报告：一位来自华为；另一位来自中国移动。

《全光传送网架构与技术》《全光接入网架构与技术》《全光自动驾驶网络架构与实现》《全光家庭组网与技术》初稿是赵培儒先生和张健博士送到我办公室的。书稿由高校教师和华为研发一线工作多年的工程师联合编写。他们论学历有学历，论经验有经验。在开发商业产品的实践中，了解技术的动向，掌握行业的标准，对商业设备的参数指标要求也知道得清清楚楚。这些书对于光通信和光电子学领域的大学教师、硕士和博士研究生、企业研发工程师，都是极好的参考资料。

这些书,是华为对中国光通信事业的新的贡献。

感谢清华大学出版社的决策,进行图书的编辑和出版。

北京邮电大学 第六任校长

中国通信学会 第五、六届副理事长

欧洲光通信会议 国际咨询委员

2022 年 1 月

FOREWORD
序　　四

每一次产业技术革命和每一代信息通信技术发展,都给人类的生产和生活带来巨大而深刻的影响。固定网络作为信息通信技术的重要组成部分,是构建人与人、物与物、人与物连接的基石。

信息时代技术更迭,固定网络日新月异。漫步通信历史长河,100多年前,亚历山大·贝尔发明了光线电话机,迈出现代光通信史的第一步;50多年前,高锟博士提出光纤可以作为通信传输介质,标志着世界光通信进入新篇章;40多年前,世界第一条民用的光纤通信线路在美国华盛顿到亚特兰大之间开通,开启光通信技术和产业发展的新纪元。由此,宽带接入经历了以PSTN/ISDN技术为代表的窄带时代、以ADSL/VDSL技术为代表的宽带/超宽带时代、以GPON/EPON技术为代表的超百兆时代的飞速发展;光传送也经历了多模系统、PDH、SDH、WDM/OTN的高速演进,单纤容量从数十兆跃迁至数千万兆。固定网络从满足最基本的连接需求,到提供4K高清视频体验,极大地提高了人们的生活品质。

数字时代需求勃发,固定网络技术跃升,F5G应运而生。2020年2月,ETSI正式发布F5G,提出了"光联万物"产业愿景,以宽带接入10G PON + FTTR(Fiber to the Room,光纤到房间)、WiFi 6、光传送单波200G + OXC(全光交换)为核心技术,首次定义了固网代际(从F1G到F5G)。F5G一经提出即成为全球产业共识和各国发展的核心战略。2021年3月,我国工业和信息化部出台《"双千兆"网络协同发展行动计划(2021—2023年)》,系统推进5G和千兆光网建设;欧盟也发布了"数字十年"倡议,推动欧洲数字化转型之路。截至2021年底,全球已有超过50个国家颁布了相关数字化发展愿景和目标。

F5G是新型信息基础设施建设的核心,已广泛应用于家庭、企业、社会治理等领域,具有显著的社会价值和产业价值。

（1）F5G 是数字经济的基石，F5G 强则数字经济强。

F5G 构筑了家庭数字化、企业数字化以及公共服务和社会治理数字化的连接底座。F5G 有效促进经济增长，并带来一批高价值的就业岗位。比如，ITU（International Telecommunication Union，国际电信联盟）的报告中指出，每提升 10% 的宽带渗透率，能够带来 GDP 增长 0.25%～1.5%。中国社会科学院的一份研究报告显示，2019—2025 年，F5G 平均每年能拉动中国 GDP 增长 0.3%。

（2）F5G 是智慧生活的加速器，F5G 好则用户体验好。

一方面，新一轮消费升级对网络性能提出更高需求，F5G 以其大带宽、低时延、泛连接的特征满足对网络和信息服务的新需求；另一方面，F5G 孵化新产品、新应用和新业态，加快供给与需求的匹配度，不断满足消费者日益增长的多样化信息产品需求。以 FTTR 应用场景为例，FTTR 提供无缝的全屋千兆 WiFi 覆盖，保障在线办公、远程医疗、超高清视频等业务的"零"卡顿体验。

（3）F5G 是绿色发展的新动能，F5G 繁荣则千行百业繁荣。

光纤介质本身能耗低，而且 F5G 独有的无源光网络、全光交换网络等极简架构能够显著降低能耗。F5G 具有绿色低碳、安全可靠、抗电磁干扰等特性，将更多地渗透到工业生产领域，如电力、矿山、制造、能源等领域，开启信息网络技术与工业生产融合发展的新篇章。据安永（中国）企业咨询有限公司测算，未来 10 年，F5G 可助力中国全社会减少约 2 亿吨二氧化碳排放，等效种树约 10 亿棵。

万物互联的智能时代正加速到来，固定网络面临前所未有的历史机遇。下一个 10 年，VR/AR/MR/XR 用户量将超过 10 亿，家庭月平均流量将增长 8 倍达到 1.3Tb/s，虚实结合的元宇宙初步实现。为此，千兆接入将全面普及、万兆接入将规模商用，满足超高清、沉浸式的实时交互式体验。企业云化、数字化转型持续深化，通过远程工业控制大幅提高生产效率，需要固定网络进一步延伸到工业现场，满足工业、制造业等超低时延、超高可靠连接的严苛要求。

伴随着千行百业对绿色低碳、安全可靠的更高要求，F5G 将沿着全光大带宽、多连接、极致体验三个方向持续演进，将光纤从家庭延伸到房间、从企业延伸到园区、从工厂延伸到机器，打造无处不在的光连接（Fiber to Everywhere）。F5G 不仅可以用于光通信，也可以应用于通感一体、智能原生、自动驾驶等更多领域，开创无所不及的光应用。

　　"第五代固定网络(F5G)全光网技术丛书"向读者介绍了 F5G 全光网的网络架构、热门技术以及在千行百业的应用场景和实践案例。希望产业界同仁和高校师生能够从本书中获取 F5G 相关知识，共同完善 F5G 全光网知识体系，持续创新 F5G 全光网技术，助力 F5G 全光网生态打造，开启"光联万物"新时代。

华为技术有限公司常务董事

华为技术有限公司 ICT 基础设施业务委员会主任

2022 年 1 月

PREFACE
前　　言

　　管理和控制系统是通信网络的重要组成部分，是智能化信息基础设施的关键所在。一直以来，通信网络的管理和控制系统，尤其是面向光通信网络的自动化管理和控制系统研究，属于专业化能力要求高且交叉性、创新性很强的学科领域，与业务需求和应用场景的耦合关系紧密，虽然得到了行业内越来越多的重视，但是缺少一本系统介绍光通信网络自动化管控最新技术与实践的专业书籍。许多业界同仁也向我们反馈，建议从网络自动驾驶这一理念出发梳理通信网络管控架构与实现，为新型全光网络的建设和运维工作提供指导帮助。

　　本书向读者完整地呈现了第五代固定网络(F5G)背景下全光自动驾驶网络的发展。作为一类全新的光通信网络自动化管控解决方案，如何在接入与传送体系结构中引入自动化配置与编排能力，如何将支持全光互联的静态管道变为灵活的动态管道，如何在保持业务透明承载的技术优势基础上，更好地适应大带宽、高品质、低成本、易运维的用户诉求，在本书中通过对全光自动驾驶网络原理与技术的阐述给出了解答。

　　编者立足行业需求与挑战，结合多年从业经验，阐述了全光自动驾驶网络的原理、核心技术和标准研究进展，分析了这一概念的提出对重塑全光管道价值及创新运维方式的意义，总结了 F5G 网络中自动化管理和控制系统的业界实践与思考。此外，本书不仅是介绍全光自动驾驶网络的基础知识，更重要的是希望从还原论的角度揭示发展该项技术的本源和动因，包括为什么全光自动驾驶采用这样的实现方案而不是其他的实现方案等。我们试图通过对这些问题的梳理，帮助读者深刻理解并掌握全光自动驾驶网络的发展历程和设计理念。

　　为了编写本书，我们在写作过程中参阅了大量的研究论著、行业报告与标准文献，甚至包括了不少 20 世纪 90 年代的技术资料，总体上力求素材全面、翔实，引用准确、具体。希冀本书的出版，能够为推动我国 F5G 技术及产业发展做出一点绵薄的贡献。

【结构安排】

本书以 F5G 全光网为背景,详细介绍了全光自动驾驶网络的原理特征、系统架构、业界实践和关键技术,着重解读了全光自动驾驶过程涉及的规建自动化、维护自动化、网优自动化、运营自动化等技术实现,并对全光自动驾驶网络的系统安全进行了简要分析。内容主要来源于业界研究报告、协议标准、华为实现方案等资料。

【读者对象】

- 光网络研究、规划、设计、建设和运维管理人员:通过学习本书,可加强对全光自动驾驶网络具体解决方案的了解。
- 光通信领域从业者:包括从事光通信行业领域的设备制造、系统集成、渠道服务等人员。
- 大中专院校在校学生:毕业后欲从事光通信相关工作,应聘渠道、设计院、网络维护工程师等方向,招聘时有明显注明认证通过者优先。
- 其他:对全光自动驾驶网络感兴趣的其他技术人员。

【致谢】

本书主要由张杰、罗贤龙编著,参与编写的人员还包括范明惠、陈春晖、陈亮、邓伟育、鲍粟、宋洪芹、饶宝全、胡建煌、冯超、马军棋、吴奇彬、陶凡、陆利锋、周志军、王鹏、林毅、周俊君、楼定华、赵永利、杨辉、李亚杰等。

限于编者的水平和经验,加之时间比较仓促,疏漏或者错误之处在所难免,敬请读者批评指正。

编 者

2022 年 1 月

CONTENTS

目　　录

第 1 章

概　述

从生命降临的那一刻开始,光就与我们同在。当新生婴儿睁开双眼时,映入视野的光影中蕴含了来自大千世界的第一缕讯息。

古人传递军情使用的烽火台、旗语等,属于早期原始的光通信方式,所携带的信息量少且传输距离受限于视距范围。随着人类信息文明的快速发展,促进了现代光通信的诞生。

1966 年,高锟博士发表了具有划时代意义的研究成果,证明了用玻璃纤维可长距离传递信息,从此开启了光纤通信新纪元。

1970 年,康宁公司研制出世界上第一根实用化石英光纤。1976 年,美国在亚特兰大建成了世界上第一条光纤通信实验系统。1988 年,连接美国与英法之间的第一条横跨大西洋海底光缆敷设成功。20 世纪 80 年代掺铒光纤放大器(Erbium-Doped Fiber Amplifier,EDFA)的发展,使得无电中继环境下长距离传输成为可能,极大地推动了波分复用系统的广泛应用。

在中国,1990 年宁汉光缆建设完工,拉开了大规模骨干传输网发展的序幕。到1998 年底最后一项工程的开通,标志着"八纵八横"光缆骨干网络全面建成,从根本上改变了通信干线紧张的局面,为经济社会发展提供了可靠、强大的通信保障。进入21 世纪以来,随着宽带用户规模高速增长,家庭普及水平大幅提升,宽带信息应用加速向经济社会各领域广泛渗透,2013 年实施的"宽带中国"战略助推了我国以光纤接入为代表的新一轮网络建设,建成了全球规模最大的宽带网络基础设施。据工业和信息化部发布的统计数据,到 2020 年底,全国光缆线路总长度已达 5169.2 万千米,相当于环绕地球 1290 圈。

综上所述,光纤通信作为 20 世纪人类社会所取得的最伟大的技术成就之一,是人类迈向信息化时代的重要基石。如果没有光纤通信的发展与普及,就不可能有今天的信息社会。未来绿色高效可靠的全光网是新型基础设施的重要组成和承载底座,既要连接千家万户,又要赋能千行百业,深刻影响和改变着我们的生产、生活方式。

工业和信息化部通信科学技术委员会常务副主任韦乐平教授在分析全光网发展

趋势时曾经做出过如下判断：在需求侧，摩尔定律进入并行时代，微处理器从单核到多核发展到数百上千核的 Tera 级计算；视频成为第一流量，流量接近骨干网的三分之二，4K/8K 超高清和虚拟现实（Virtual Reality，VR）/增强现实（Augmented Reality，AR）等大视频的崛起加剧对带宽的需求；其他潜在新需求正在浮出水面，包括云计算、大数据、自动驾驶等，一旦形成规模将对带宽提出更高要求。因此，容量是网络迈向全光的最大驱动力，容量的需求和提升永无止境。

在供给侧，从 1977 年全球第一个速率为 45Mb/s 的干线光传输系统在美国东北走廊开通商用起，到 2020 年 48 波 400Gb/s 系统试商用为止，43 年光通信容量提升了约 42 万倍，相当于年增速 35%。

同时，节点交叉连接颗粒趋向光。中国 1981 年开始引入 64kb/s 窄带交叉连接，后来逐渐发展到 2Mb/s；20 世纪 80 年代后期，引入 140/155Mb/s 宽带交叉连接；2010 年开始出现 100Gb/s 波长级的超宽带交叉连接。网络节点疏导的业务带宽颗粒从 64kb/s 话音提升到各种速率专线、以太网和路由器的各种接口速率（如 POS/GE/10GE/100G 等），40 年业务带宽颗粒大小提升了约 150 万倍，相当于年增速 42%。

然而，光纤网络的带宽增速依然无法应对 5G 流量爆发下的数据密度革命，尤其是大量的新兴应用针对传输时延和可靠性提出了更高要求。为了有效支撑 5G 为代表的一系列新技术、新应用的广泛部署，实现光联万物的目标，业界正在发展第五代固定网络（the Fifth-Generation Fixed Network，F5G）技术标准体系，规范固定网络演进由碎片走向融合的代际路线，推动固定网络产业的整体繁荣。

面向未来，伴随 F5G 等突破性技术创新在现网中的规模应用，光网络围绕业务调度、系统运维方向也将面临更大的挑战。为了推动全光、极简的网络发展，实现更好性能、更高效率和商业敏捷，构建自动调度、智能分析的全光网智能操作系统，已经势在必行。

第 2 章

全光自动驾驶网络综述

2.1 光网络传统运维的主要功能

传统光网络采用以网元为中心的手工运维方式，主要面向单个网元进行独立配置，运维自动化程度低，对设备的依赖性强。随着业务需求快速增长，全光组网问题日益复杂，一方面光网络容量和规模不断扩大，另一方面通过引入环、链保护等手段，提升网络传送的可用性。光网络运维正逐步转向以网络为中心的自动运维方式，为用户高质量地提供网络级保障服务。

电信管理网（Telecommunications Management Network，TMN）为电信网及电信业务提供了一系列全面、规范的管理功能，具体包括配置（Configuration）管理、故障（Fault）管理、性能（Performance）管理、安全（Security）管理、数据通信网（DCN）管理和计费管理。

1. 配置管理

配置管理包括资源查询统计管理，网元管理，以及机架、子架和槽位管理，具体描述如下。

（1）资源查询统计管理：支持对网络资源的查询、统计、分析等功能，做到方便快捷。

① 资源同步：采集网元信息，实现资源数据的上载和同步。

② 资源查询：对于资源数据，可按照不同的条件进行查询。

③ 资源统计分析：对采集到的资源数据，可按照不同条件进行统计分析。

④ 资源维护：对资源数据进行维护，包括数据录入、修改和删除等。

⑤ 数据呈现：网管系统通过拓扑图分析等可视化形式，将网络资源变化及影响展

示给维护人员。

（2）网元管理：配置/查询网元基本属性与扩展属性信息。

（3）机架、子架和槽位管理。

2. 故障管理

通过对网络状态的实时监视，维护人员能够集中监控网元及系统服务的告警，快速定位和处理网络已发生的故障。当网络运行异常时，网管系统需要及时通知维护人员采取有效措施，使网络恢复正常。故障管理（即告警管理）通常包含以下功能。

（1）提供全网告警监控功能。实时收集和整理网元发出的告警信息，自动更新当前告警列表，支持在网络拓扑图上清晰、直观地显示相应的告警信息，使用告警染色、告警音等功能快速发现严重告警上报的位置。

（2）提供告警定位（可定位至网元、端口、业务）、告警屏蔽、告警抑制、告警反转、告警同步等功能。通过告警定位功能，允许从告警内容跳转至产生该条告警的网元、端口、业务等拓扑对象，实现快速定位故障和提高定位效率；通过告警屏蔽功能，被屏蔽的告警不再主动上报，通过主动查询的方式也无法同步到相关告警；通过告警抑制功能，在设置某个告警为抑制状态后，网元后续不再继续上报该告警。

（3）提供告警过滤、重定义、时间本地化等个性化定制功能。告警显示过滤是指网管系统根据场景需求设定显示过滤条件，方便用户进行重点告警监控查看。为了让用户掌握告警发生的准确时间，网管系统会自动将告警的时间（网元时间）转换为网管的本地时间。所有告警的产生、确认、清除、上报到网管时间均显示为系统本地时间。

3. 性能管理

光网络受到内外因素的影响，可能会出现性能劣化甚至失效的情况，实际运行过程中应具备网元级和网络级的监视、采集、显示、存储、压缩、北向导出等性能管理能力，支持对网络状态的有效监控。通过性能管理可提前发现网络性能质量的劣化趋势，力争在失效前解决隐患，规避潜在的故障风险。

性能管理包括性能监测参数设置、性能参数查询、历史性能数据管理、性能门限管理、性能数据分析等，具体描述如下。

（1）性能监测参数设置：可指定性能监视的属性。

（2）性能参数查询：能查询或批量输出系统各参考点的性能参数。

（3）历史性能数据管理：在历史数据中存放历次采集得到的性能数据，支持采用表格、直方图、曲线图(折线图)、饼图等方式将性能数据向用户展示,或者按一定的格式将这些数据抽出到文件中。

(4)性能门限管理:设置网络性能数据的门限。当网管获取的实际性能数据值超过了设定门限时,系统会向用户发出越限告警。

(5)性能数据分析:对定期采集到的性能数据进行统计、分析和处理。结合网管资源构成情况,通过一定的算法对获取的性能数据进行分析和处理,并以此反映网络中相关通道的性能质量。

4. 安全管理

安全管理实现对网管系统本身的安全控制,利用用户管理、操作授权(分权分域)管理、用户登录管理和一系列其他的安全策略,来保证网管系统的安全。同时,安全管理支持对用户登录、用户操作和系统运行过程中所产生的日志进行管理,支持完善的高可用性(High Availability,HA)方案以及数据库备份,进一步完善安全解决方案。具体描述如下。

(1)用户级别的管理划分为 4 个级别,以提供不同的权限。

① 系统管理用户:负责对网管系统进行管理,可进行网络控制、管理各级用户口令、增加/修改/删除用户、日志管理等安全管理操作。

② 系统维护用户:负责网管系统的日常维护,并可访问和备份管理信息库中的数据。

③ 系统操作用户:负责光通路的维护,可以新建或者拆除光通路、处理告警信息、进行配置管理等。

④ 系统监视用户:允许对系统告警状态进行监视,观察浏览各种性能监测结果以及各种报告的访问结果,这些操作均以查阅(读)为主。

(2)操作日志管理:记录用户在网管系统中所执行的各种操作。为了防止用户误操作行为,网管系统对每个用户的各种操作均进行详细记录。授权用户可以对操作记录进行查询,并做进一步处理。

5. 数据通信网管理

管理信息的传递离不开数据通信网(Data Communication Network,DCN),网络管理系统需要支持 DCN 配置查询和状态监视功能,具体描述如下。

(1)支持 DCN 网络配置信息的查询。

（2）支持 DCN 网络的状态查询和显示。

（3）支持 DCN 网络的故障监视，支持通道告警信息的上报与查询操作。

6. 计费管理

网络管理系统提供了满足业务连续计费要求的基础计费数据，具体描述如下。

（1）连接标识。

（2）用户信息。

（3）源和宿节点、端口、波长和时隙。

（4）业务量参数（信号类型和带宽、光通道波长等）。

（5）连接类型（光纤、链路等）。

（6）连接方向（单向/双向）。

（7）业务等级（主要按照保护恢复方式划分）。

（8）连接建立时间和结束时间（年/月/日）。

2.2 光网络运维面临的挑战

光网络是现代通信网络的基石，被普遍用于承载各种信息化业务。随着 5G＋4K、5G＋VR 等创新应用的蓬勃发展，光网络规模与容量不断扩大，连接质量要求逐步提升，带宽调度的灵活性显著增强，进一步考虑到从以往的链形组网、环状组网到 MESH 化、立体化的复杂组网技术演进，都会导致光网络运维已经超出"人工处理"的合理能力范畴，面向设备单站、以人机交互为主的传统光网络运维方式迎来了巨大的挑战，具体描述如下。

（1）挑战一：业务需要更大带宽、更具弹性的管道。

当前，数字经济的快速发展推动了网络应用呈现爆发式增长，入云专线及数据中心互连业务需求激增。在短短一分钟内全球会有 2.04 亿封 E-mail 被发出、超过 200 万条 Google 搜索请求被提交、2880 分钟视频被上传到 YouTube、69.5 万条状态被 Facebook 更新、1840 张车票被 12306 卖出。据统计，全球数据中心流量每年增长 5 倍，与 2015 年相比，2020 年数据中心服务器总量增长了 10 倍。这些大数据都需要专用网络承载，给数据中心网络带来极大的挑战，基于多业务传送平台（Multi-Service

Transmission Platform，MSTP）技术的 FE、GE、10GE 等业务已经不能满足要求。在传统专线领域，随着 IT 系统的不断升级，对传统专线的带宽和灵活性要求也在不断攀升，用户不仅希望能够开通更大带宽的管道，而且提出了按需灵活调整管道带宽的强烈诉求。

（2）挑战二：业务需要更低的、可保障的确定性时延。

随着 5G 时代的到来，人们认识到 5G 和 4G 最本质的差别不是高速率，而是具备更低的、可保障的确定性时延。基于 5G 的智慧工厂、自动驾驶、远程医疗等“杀手级”应用，皆依赖于此项关键能力，直接关系到工厂精细化作业生产出的产品是否合格，自动驾驶时车辆能否快速对路况做出反应，远程手术中机械臂的操作是否存在偏差等。不仅上述 5G 新业务离不开低时延的承载网络，在其他应用场景下，例如金融领域，人工智能（Artificial Intelligence，AI）技术催生了金融交易自动化的发展，而执行自动交易过程的前提是能够针对瞬息万变的行情做出快速反应，这一反应速度同样依赖于网络的时延性能。为了满足业务实现更低和可保障确定性时延的要求，网络不仅需要在业务创建时选择合理的路径，更需要在日常运行过程中进行持续的监控和保障。

（3）挑战三：业务需要支持按需快速开通。

传统光网络主要依赖于效率低下且容易出错的人工规划和配置方式，无论是前期的网络规划、建设，还是后期的运维和优化，均高度依赖人工。这不仅会导致网络运营成本（Operating Expense，OPEX）居高不下，而且动辄数周的业务开通周期也无法给予客户品质承诺，迫切要求提供带宽容量、承载方式、服务等级协议（Service Level Agreement，SLA）等属性按需配置的业务开通能力。

（4）挑战四：网络运营商的业务创新和服务质量提升的挑战。

为了应对日益激烈的市场竞争格局，解决网络规模和复杂性增加带来的问题，运营商对外需要提供更丰富的业务形态及多种多样的 SLA 履约能力，对内需要提高网络的可靠性和资源利用率，降低运营成本。这些要求都对光网络的运维能力提出了更多挑战，必须通过网络硬件和软件方面的技术创新，对最终用户提升服务质量和推出新型服务，以提高客户满意度，增强产品竞争力。

（5）挑战五：网络运营商的集约化和运维效率提升挑战。

传统的建网方式会造成不同地域网络分割和分段运营的局面，使得网络总的资源使用率下降，跨地域业务分段运维体验较差。面对市场竞争和运维压力，运营商在网络集约化管理、降低运营成本和提高运维效率方面存在强烈的诉求。

面对上述光网络运维的五项挑战，需要尽快推出基于全光连接和全栈智能的自动驾驶网络解决方案，打造基于意图驱动的极简、超宽、按需快速开通，具备丰富 SLA 能力和高效运维能力的新一代全光网络。

2.3　什么是全光自动驾驶网络

全光自动驾驶网络通过系统级创新解决电信网络总拥有成本（Total Cost of Ownership，TCO）的结构性问题，通过网络自动化、人工智能和数字孪生等技术，使能网络极简和智能运维，实现更好性能、更高效率和商业敏捷。全光自动驾驶网络面向光网络领域，通过网元、网络、云端三层引入 AI，把智慧带入全光网，使能全光网的超自动化及智能化。终极目标是实现对全光网络的自治，让全光网络能够自动驾驶。

以用户体验为中心，打造无所不在的连接与无处不及的全光自动驾驶网络，面向具体的全光网应用场景落地自动化、智能化解决方案，推进业务自动发放、网络智能运维，从而大幅缩短新业务上线时间，有效降低网络故障率，提升运维效率，改善用户体验，同时也促进光传送网向业务网演进。

实现全光网自治目标不是一蹴而就的，需要分步实现。全光网络自动驾驶借鉴汽车自动驾驶的分级模型，从客户体验、解放人力的程度和网络环境复杂性等角度，定义了 L0～L5 几个自治等级，在执行、认知、分析、决策、意图等环节持续提升自治能力，逐步实现全光网自治的目标。

第 3 章

全光自动驾驶网络系统架构

3.1　全光自动驾驶网络业界趋势

目前,国际上多个组织都在开展自动驾驶网络的研究。电信管理论坛(Telecom Management Forum,TM Forum)的自治网络项目(Autonomous Networks Project, AN Project)定义了自动驾驶网络的总体框架和分级标准。欧洲电信标准协会(European Telecommunication Standards Institute,ETSI)从面向资源的业务(Resource Facing Service,RFS)角度,研究和标准化如何实现端到端网络和业务的自动化管理,以及人工智能在自动驾驶网络中的应用。TM Forum、ETSI 和其他相关的标准组织,还成立了跨标准组织的协同机制,共同研究和标准化自动驾驶网络技术,推动自动驾驶网络解决方案在无线网络、数据通信网络、光传送网络等不同领域的落地应用。

1. TM Forum 的自治网络项目

自治网络项目于 2019 年 7 月成立,旨在面向垂直行业,定义全自动化的零等待、零接触、零故障(Zero Wait,Zero Touch,Zero Trouble)的电信网络,以支撑电信内部用户实现自配置、自修复、自优化、自演进的电信网络基础设施。该项目结合极简网络架构、自治域、自动化智能商业/网络运营等技术,实现数字化业务的闭环控制,提供最佳用户体验,实现全生命周期运营自动化/自治化,最大化资源利用率。AN Project 的主要工作如下所述。

(1) 自治网络技术白皮书:阐述自治网络的功能架构、应用场景和自治网络分级。

(2) 商业架构(Business Architecture):定义自治网络的用户故事、商业需求和框架。

（3）技术架构（Technical Architecture）：定义自治网络的技术架构和自动驾驶网络分级，以及网络操作层和商业操作层的跨领域开放接口。

（4）PoC（Proof of Concept）测试：典型场景定义、解决方案设计和样机验证。

该项目根据网络的执行、感知、决策和意图驱动的能力，定义了如下自动驾驶分级标准。

（1）L0 手工运维：具备辅助监控能力，所有动态任务都依赖人执行。

（2）L1 辅助运维：系统基于已知规则重复性地执行某一子任务，提高重复性工作的执行效率。

（3）L2 部分自治网络：系统可基于确定的外部环境，对特定单元实现闭环运维，降低对人员经验和技能的要求。

（4）L3 有条件自治网络：在 L2 的能力基础上，系统可以实时感知环境变化，在特定领域内基于外部环境动态优化调整，实现基于意图的闭环管理。

（5）L4 高度自治网络：在 L3 的能力基础上，系统能够在更复杂的跨域环境中，面向业务和客户体验驱动网络的预测性或主动性闭环管理，早于客户投诉解决问题，减少业务中断和对客户的影响，大幅提升客户满意度。

（6）L5 完全自治网络：这是电信网络发展的终极目标，系统具备跨多业务、跨领域的全生命周期的闭环自动化能力，真正实现无人驾驶。

2. ETSI 自动驾驶网络相关标准

1）ISG ZSM

ISG ZSM（Zero Touch Network & Service Management）于 2018 年 1 月成立，其标准化目标是端到端网络及服务的自动化管理（如交付、部署、配置、维护和优化），理想情况下 100% 自动执行从交付到部署的业务流程和任务。该工作组主要研究面向未来网络的管理架构、接口以及自动化闭环控制，实现横向端到端（跨域）和纵向端到端（跨层）的全自动化管理。

2）ISG ENI

ISG ENI（Experiential Networked Intelligence）于 2017 年 2 月成立。ISG ENI 定义了基于"感知-适应-决策-执行"控制模型的认知网络管理架构，通过人工智能技术提高运营商在网络部署和操作方面的体验，其核心理念是网络感知分析、数据驱动决策、基于 AI 的闭环控制。该工作组的主要工作包括分析人工智能技术在网络中的应用场景和技术需求、设计 ENI 架构、定义智能网分级并提出基于意图感知（Intent Aware）

的自治网络标准等。

3）ISG F5G

ISG F5G 于 2019 年 12 月成立,旨在定义第五代固定网络的代际特征,研究和标准化 F5G 业务场景、业务质量和用户体验,定义网络架构及技术全景视图。其给出的 F5G 三大关键特征为全光连接、超高带宽和极致体验,相比于 F4G 可实现带宽的 10 倍提升、连接数的 10 倍增长以及时延降低为 1/10,推动从光纤到户迈向光联万物。

ISG F5G 已立项 F5G 端到端管控项目,该项目将基于 TM Forum 的自治网络框架,以及 ETSI 的 ZSM 和 ENI 技术架构,标准化 F5G 下的固定网络端到端智能管控技术,涵盖全光网下的自动驾驶网络标准。相关标准制定工作正在启动中。

3.2　全光自动驾驶网络系统架构介绍

电信网络要想达到 L5 级,实现可自我演进和自我优化的终极目标,依赖网络自我认知、人的知识与经验提取等方面的理论和关键技术突破,仍需较长的探索周期,且存在商业化的不确定性。考虑当前的技术成熟度,可以 L4 级作为自动驾驶网络未来架构的阶段性目标,有节奏地引入正在逐步成熟的人工智能、知识图谱等新技术、新工具和新方法,对网络设备、运维系统,甚至商业运营进行全方位的重构与优化。

从技术视角看,L4 级自动驾驶网络目标架构应具备如下四个基本特征。

（1）特征 1：网络知识和专家知识数字化,从被动的人工运维,走向预测性的智能运维。

当前运营商网络主要是以专家人工运维模式为主,网络发生问题后,由客户投诉驱动,专家通过 OSS、网管或工具辅助进行人工分析、决策和闭环,难以满足未来海量连接、网络规模不断增长、业务云化的随需开通等要求,需要进行如下三方面能力提升。

① 预测性问题感知能力：基于对海量网络数据的深度分析,主动分析网络状态,甚至提前预测网络异常或问题,并且及时提供问题的根因分析,找到问题根因,先于客户感知问题在投诉之前解决。

② 网络自主决策能力：在一定条件下,例如确保在运维人员的监管下,针对特定的组网与业务场景,由网络进行自主决策,实现对复杂和不确定问题的快速响应与闭

环管理,提升网络决策效率。

③ 网络自动执行能力:通过流程自动化,替代专家工作任务中低效、重复性的人工操作部分。使专家由过去"在流程中(In the Loop)"转变成"在流程之上(On the Loop)",聚焦于更为关键的管理环节和流程、规则的设计工作。

网络数字化和专家知识数字化,则是实现上述能力提升的关键前提和基础。

首先,网络数字化是实现网络自动化执行能力的前提之一,为网络状态感知、分析,以及 AI 训练与推理活动提供网络数据,包括网络资源、业务数据,也包括运行状态、故障、日志等动态实时数据。过去 30 年中,围绕电信网络的数字化工作一直在不断推进。随着网络功能演进和采用 AI 新技术,原有网络数字化模型需要针对业务和场景的变化,进一步扩充与修订。一方面需加入时空属性,从时间和空间两个维度增强描述网络历史、现状和未来的能力;另一方面,无论是网络层还是设备层的分层感知和决策闭环过程中,都需要增加数据量规模及确保数据的实时性。

其次,专家知识数字化对提升网络自动化执行能力同样十分重要。运营商和设备提供商在多年的网络建设运维过程中,积累了大量管理规则、排障方法等专家知识和经验,以多种形态散布在设备运维手册、网络运维规范等不同的智力资源中。网络的自动化闭环过程,需要将这些分散的、供人理解的知识注入计算机程序中,形成集中的、供计算机理解与使用的知识库。结合 AI 技术,计算机可以更快、更好地使用这些知识经验在网络自动化分析、决策、闭环中发挥关键作用。当前,将知识图谱等方法和技术拓展至电信网络,实现网络故障智能识别和闭环处理等场景的应用,已取得较好成果。

AI 技术成熟与商业化是个渐进而长期的过程,电信网络中 AI 被用来提升网络智能化感知能力,或者通过智能化推荐提升专家人工决策的效率和质量(L2/L3 级),相关研究还处于初始的阶段。随着网络认知能力、知识提取等基础理论和技术的不断突破,AI 会进一步针对特定网络领域进行自我优化和调整,实现有条件的闭环自治(L3 级),也可以针对多网络实现预测式主动闭环自治(L4 级),高效率的自主决策将会越来越多地替代人工决策。

(2) 特征 2:极简架构的网络基础设施,网元走向智能化。

极简架构的网络基础设施包括两层含义。一是组网和设备自身要做减法,覆盖设备形态、部署、协议、架构四个层面。

① 设备简化(Lightweight Equipment):设备一体化、刀片化、高密化、模块化。

② 弹性部署(Elastic Implementation):站点云化、自动部署、预连接、预安装、异

构兼容。

③ 协议归一(Normalized Protocol)：协议精简,逐步实现统一。

④ 架构创新(Agile Architecture)：架构解耦、扁平化,多网合一、资源池化。

二是网元能力要做加法,通过持续增加智能化和数字化发展能力,对资源、业务及周边环境的感知能力越来越强,具备多维实时感知能力,包括业务流、资源、拓扑状态、运维事件、自身能耗等。最后,网元内置 AI 算子和 AI 推理单元支持 AI 推理功能,网元变得越来越敏捷,单个设备也能具备一定的智能自主感知、决策与闭环能力。

(3) 特征 3：分层的单域自治和跨域协同,网络走向在线实时闭环。

随着电信技术演进,网络设备的可调节参数越来越多,支持的业务场景和组合越来越广泛,多厂家、多技术、多软硬件版本共存已经成为常态,光网络架构层、域扩展的特点和要求,显著增加了网络运维的复杂度与成本。从网络运维角度来看,亟须解决以下两个问题。

① 如何通过分而治之的策略,将复杂网络分解为多个自治域,通过单域自治和跨域协同的思路实现复杂和超大网络的自治闭环。网络自治域是运营商依据其业务特点、网络技术、维护模式等差异性,划分的一组智能化网络基础设施及其管理控制系统的组合。单个自治域可自主完成数据采集、分析、控制、优化的完整闭环过程,并对外提供意图化 API 接口,简化网络操作,屏蔽内部实现细节及差异。简而言之,单域自治的网络将作为一个在线实时闭环系统运行,会感知自身状态,根据外部用户、应用、运维流程和环境的动态变化,智能化推荐可能的组网选项、配置模型与策略等,进行主动或预防性的调整优化,其自主水平也越来越高,网络走向在线实时闭环。

② 如何面向运营商的业务生产、运维流程提供灵活设计与编排的运维平台,让传统僵化、被动的人工运维转变为数据驱动的智能运维(Artificial Intelligence in IT Operations,AIOps)。对跨域协同而言,网络自治域的开放可编程是基础前提,网络自治域聚焦抽象网络技术,通过提供面向场景的意图化 API 接口,实现业务与网络资源解耦,允许面向业务场景、组网方案、运维流程和知识进行灵活定义、全局编排和数据训练等,支撑运维流程的持续再造和优化。同时,运营商和设备提供商在网络建设、运维过程中积累的专家知识和经验作为一种智力资源,需要注入计算机内形成知识库,在机器协助下发挥更大的价值。未来会出现"网络策略师""编排工程师""数据分析师"等新型运维人才岗位,人仍将在意图设计、异常处理、重要决策上起到关键性作用。

(4) 特征 4：统一的云端 AI 训练、知识管理和运维设计平台,支持电信网络迭代演进。

未来的运营商网络,需要从网元、网络、云端三层入手,建立相互协同的 AI 能力。

① 网元 AI:聚焦网络数据的实时采集和过滤,并实现网元节点内部的快速闭环。网元 AI 是支撑电信网络能持续动态迭代和智能升级的基础。

② 网络 AI:面向网络分层自治提供在线 AI 推理和本地知识库支持,是网络智能化具体实施的关键。

③ 云端 AI:一方面作为统一和集中化 AI 设计和开发平台,既是运营商持续开展 AI 训练和知识提取的敏捷开发工具,又是推动网络知识和专家知识体现数字化建构的源头;另一方面,云端 AI 还提供运营商关键的知识发布和共享能力,是"知识中心"和"图书馆",减少重复的开发和训练过程。

为保证三层 AI 彼此之间的高效协同,首先应当使用一致的 AI 规范,包括 AI 模型规范、知识规范和推理过程规范等,确保 AI 模型、知识的合理流动和共享。此外,运营商网络按子网/按领域运维、业务易变动等特点,也决定了运营商网络 AI 三层架构需具备如下独特能力。

① AI 模型的泛化和局点适应性能力:运营商不同子网的业务形态、组网方式、运维规则等存在差异,网络数据的分布也呈现多样性,依据一个子网数据训练得到的 AI 模型,向其他子网推广使用时,可能存在泛化和局点适应性难题,这就要求在 AI 推理部件中,必须提供相对完善的 AI 模型泛化和本地再优化的能力。

② AI 模型的持续演进能力:运营商网络和业务的变更与升级,可能会要求 AI 模型、网络知识同步更新升级,这要求云端 AI、网络 AI 和网元 AI 须协同,支持对 AI 模型、网络知识的持续演进升级。例如,利用 AI 进行网络故障诊断时,如果设备新版本的告警定义关系发生较大变更,或站点组网增加蓄电池,故障传播关系可能发生变化,这可能会要求 AI 模型中的聚类算法和故障传播规则等同步升级。

面向未来的自动驾驶网络变革中,AI 将无处不在,贯穿整个端到端(E2E)网络全生命周期的改造和演进过程。网络数字化和专家知识数字化、极简架构的基础设施以及网络分层自治,都是实现这一目标的核心和基础。

综上所述,电信网络要想实现自动驾驶网络 L4 的架构目标,需要一个清晰的、可供产业参考、形成共识的目标架构来指导实际应用。基于图 3-1 所示的全光自动驾驶网络解决方案架构,运营商可以自上而下系统性地评估和梳理现有 OSS、综合网管、厂家网管/控制器和网络设备等的现有架构,由此制定满足自身实际需要的、切实可行的演进路线。

(1)极简网络基础设施:极简网络基础设施是自动驾驶网络实现智能和分层自治

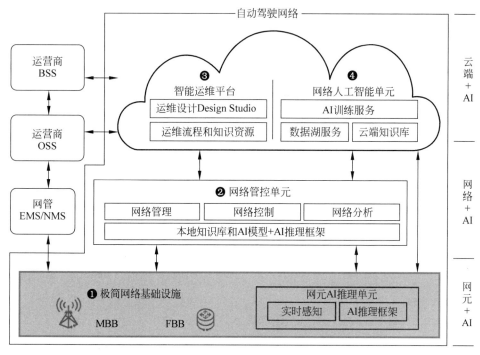

图 3-1　全光自动驾驶网络解决方案架构示意图

的基础与根本保证。一方面，以更简洁的网络架构、协议、设备和站点、部署方案，应对超高带宽和海量连接带来的复杂性，提升全生命周期的效率和客户体验。另一方面，网络设备引入更多的实时感知器件和 AI 推理能力后，变得越来越智能，不但增强了对资源、业务及周边环境的数字化感知能力，还具备在数据源头做感知分析和决策执行的边缘智能能力。

（2）网络管控单元：融合网络管理、网络控制和网络分析三大模块，通过注入知识和 AI 模型，将上层业务和应用意图自动翻译为网络行为，实现单域自治闭环，保障网络连接或功能的可承诺 SLA。网络管控单元通过网络数字建模方法，将离散的网络资源、业务、状态数据关联起来，建立完整的域内网络数字化高清地图，实现网络数据采集、网络感知、网络决策和网络控制一体化。同时，通过持续从云端注入新的 AI 模型和网络运维知识，不断丰富本地 AI 模型库和网络知识库，进一步优化增强边缘侧的智能感知和决策能力。

（3）智能运维平台：提供运维流程和知识资源、运维可编程设计框架的平台及云服务，聚焦运维流程的打通和灵活的业务编排，允许根据自身网络特点，快速迭代开发新的业务模式、运维流程及业务应用。这是运营商实现业务敏捷性的关键,同时能够推动新型运维人员的技能提升。

（4）网络人工智能单元：包括云端的 AI 训练服务、数据湖服务、云端知识库、AI 应用市场等基础服务和能力,提供网络领域的人工智能平台和云服务。一方面,它是网络 AI 设计和开发的基础平台,支持对上传到云端的各种网络数据,持续进行 AI 训练和知识提取,生成 AI 模型与网络知识成果的能力,并可将这种能力注入网络基础设施、网络管控单元和跨域智能运维单元中,显著提升网络智能化水平。另一方面,它也是运营商智力资源共享中心,运营商面向规、建、维、优过程开发和训练出来的各种 AI 模型、网络知识等成果在网络人工智能单元基础上统一管理,充分共享和重复使用,减少重复开发和训练。

第 4 章

全光自动驾驶网络业界实践

当前光网络基本处于 L2 向 L3 升级过程中,拥有适度的自动化能力,在某些场景下具备适度的实时感知环境变化能力,但全网自动优化闭环自治的整体水平不高,主要表现为资源管理上仍然离不开人工路由规划与设计,网络健康管理上缺少自动化处理建议,业务管理上基于租户意图的自助跨层发放能力不足等。

全光自动驾驶网络全生命周期自动化用例(Use Case)主要涵盖了规、维、优、营各个阶段,包括规建自动化、维护自动化、网优自动化、运营自动化及网络云化,如图 4-1 所示。

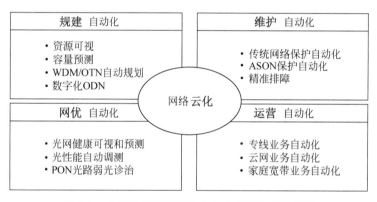

图 4-1　全光自动驾驶网络全生命周期自动化用例

(1) 规建自动化。资源是网络运营的基础,如果出现资源短缺会导致网络服务能力下降。规建自动化主要指规划、工程、部署阶段资源的实时状态可视,资源历史消耗的自动分析,未来一定时间内容量增长趋势的自动预测,光配线网络(ODN)拓扑可视和设备单板自动部署等能力。基于上述自动化的资源管理能力,可以有效提升网规效率,降低建网成本。

(2) 维护自动化。当发生网络故障时,维护自动化首先提供受损业务/管道自动恢复能力。例如发现光纤链路中断后,其上所有承载的 OCh 管道可自动切换至备用路由,保证 OCh 路径在没有人工介入的情况下得以快速恢复。业务/管道自动恢复有两种实现方式：一是传统网络保护方式，需要预先配置固定的备用路由，连接中断后自动切换到预设好的备用路由上，通常说的1+1保护可以提供此类能力；二是自动交换光网络（ASON）保护方式，连接中断后基于 ASON 协议计算并建立新的路由，实现动态恢复。业务/管道恢复后，需要实施自动化的精准排障处理，通过人工方式快速修复网络故障。

（3）网优自动化。网优自动化促进全光网运维模式创新，支撑由被动式运维到预测式主动运维的转变。面向光纤、OCh、ODUk、业务等网络对象，采取实时监控、亚健康可视、亚健康预测、光性能自动调测等智能手段，提前发现网络深层次的运行隐患并在业务受损之前予以解决，做到早发现、早预警、早处置，保障网络安全。例如对光纤衰耗实时监控，发现劣化主动预警，并自动调整光路光功率进行光性能自动调优。业界典型应用主要包括光网健康可视和预测、光性能自动调测、PON 光路弱光诊治等。

（4）运营自动化。提供全光网的自动化业务发放能力，主要包括专线业务自动化、云网业务自动化、家庭宽带业务自动化等。提供北向应用编程接口（API）能力或者一键式图形用户接口（GUI）操作能力。业务发放时可提供服务等级协议（SLA）定制能力，如时延要求、带宽要求等。

4.1 规建自动化场景

在光网络中，规划系统、安装部署是保证网络资源就绪的关键环节。在实际网络规划和建设过程中，涉及规划人员、工程人员、运维人员多个角色，以及规划系统、网管/控制器多套系统，各系统之间的数据传递、人员之间的交互普遍采用离线、纸件等方式，这样效率低下，且容易出错。

当业务需求来了，会进行业务规划，生成一份规划数据；业务发放之后，会在综合资源管理系统、网络管理系统中生成部署数据。当网络运行一段时间之后，规划数据有哪些发放部署了，发放部署数据中有哪些是紧急发放而不在规划数据中的，当前是不清楚的。

当网络需要扩容时，规划人员只基于前期规划的数据进行扩容，扩容结果可能与现网发放部署数据是冲突的。因此就需要核查综合资源管理系统、规划系统、网管系统中的数据，核查数据包括设备、链路的资源状态及业务的部署状态等。当网络规划大时,如数百节点、数千业务,人工核查的工作量就会非常大,且容易出错。调研发现,资源核查一般需要数天,有的甚至长达两周。

对于运营商客户来说,网络运维费用 OPEX 的占比越来越高,如何降低 OPEX 费用已经成为运营商客户急需解决的问题。当前已有国内及海外的诸多运营商提出了如何在多系统之间通过自动化的方式,减少人工的介入,降低 OPEX。

网络设备、链路资源是承载业务的基础,如何围绕网络资源和业务状态构建自动化的规划、交付流程,是我们需要思考并解决的问题。为了达成规建自动化的目标,系统应该具备以下关键能力。

（1）完整、准确的资源数据:前期规划数据和现网已部署数据合并后得到一份完整、准确的资源数据。

（2）资源数据的可视化:数据应以直观的方式呈现出来,便于用户查看资源状态。

（3）容量的预警及预测:网络资源核心是用于承载业务,资源的就绪情况决定了业务开通的时长。因此提前对资源进行超限预警,提前预测、进行资源准备是非常有必要的。

（4）自动规划及部署能力:打通现网网管与规划系统之间的自动数据获取,根据客户扩容业务及路由策略进行自动规划,规划结果可以在线下发到现网网管,实现规划即部署能力。

4.1.1　资源可视

资源可视是对资源状态进行评估分析,其中资源可以细分为前期规划的资源、现网已部署实施的资源,以及现网部署数据与规划数据合并后的数据,如图 4-2 所示。

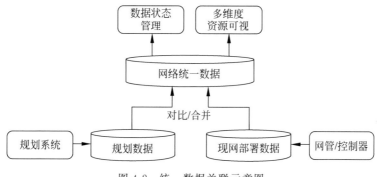

图 4-2　统一数据关联示意图

下面主要对一个数据、两个关键能力进行描述。

（1）网络统一数据。规划人员手中掌握了前期网络规划的数据，运维人员拥有现网运营部署的实际数据，两份数据之间存在一致性的问题，还存在部署时间差的问题。那么，对网络评估该采用哪份数据？对网络扩容该采用哪份数据？合理的方式是把规划数据、现网部署数据合并为一份数据，其中会涉及规划数据未部署的数据需要引入数据状态问题、数据冲突问题、冲突调整问题。当有了统一数据之后，后续的现网部署，都可以基于规划数据进行自动下发，这样才具备自动化的基础。

（2）数据状态的管理与迁移能力。根据数据所处的阶段不同，一般分为规划态、工程态和部署态，这几个状态可以不用在每个系统中都有完整的体现，比如现网网管/控制器只需要体现工程态和部署态，规划系统只需要体现规划态和部署态。但在每个系统中，需要考虑数据状态的迁移，比如在现网网管/控制器中，工程交付完成转维的数据，需要迁移到部署态，如表 4-1 所示。

表 4-1　数据状态表

数 据 状 态	数 据 来 源	数 据 说 明
规划态	规划系统	规划完成，还未开始部署的数据
工程态	网管/控制器	现网处于部署中，还未转维的数据
部署态	网管/控制器	现网已经部署，处于运维阶段的数据

（3）多维度资源可视能力。通过图形、表格等可视化呈现方式，展示各级网络资源的属性、状态等统计信息，帮助客户全面、及时、直观地了解资源使用情况，识别瓶颈资源，为下一步网络扩容规划提供信息支撑。以图 4-3 为例，节点之间连线上的数字代表链路资源占用率，数字越大链路资源占用越多，空闲资源就越少。

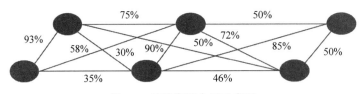

图 4-3　链路资源占用示意图

光网络典型的资源可视维度和内容如下。

① 光层链路的波长利用率统计及呈现。

② OTN 容量利用率统计及呈现。

③ 业务类型与分布统计及呈现。

④ 设备资源（设备类型、槽位利用率、端口容量利用率等）统计及呈现。

4.1.2　容量预测

业务发放前的资源准备有两种方式。

（1）基于业务驱动的方式。这种方式是当真实业务到来时,才启动资源的规划和购买、部署流程。该方式的优点在于资源供给与业务需求完全匹配,"0"库存,"0"浪费。但缺点也很明显,就是业务的交付周期太长。从规划/设计、生产发货到安装上电、部署交付,通常一条业务的开通需要数周甚至数月,其中采购、物流占据了绝大部分时间。

（2）基于业务预测的方式。提前对业务、资源需求进行预测,提前购买,这样资源在业务到来之前就已准备就绪。此种方式又可以细分为以下几种模式。

① 预测购买的资源,按照站点完成安装上电、部署交付。这样业务需求来了,就可以直接进行发放。这里的关键就在于前期预测的业务/资源与真实业务需求的匹配度,如果匹配度很高,那么资源的使用效率和业务发放速度能达到最优;如果匹配度不高,那么资源的使用效率就会降低,甚至存在真实业务来了,已部署资源不足的问题。

② 预测购买的资源统一放在库房,真实业务需求来了,再根据业务需求进行资源的安装部署、交付。此种模式的优点在于资源与业务完全匹配;缺点在于安装部署、交付过程需要时间,但这个时间相比基于业务驱动的方式,还是会大幅缩短的。

③ 上述两种方式的结合:对于核心大业务量站点,资源需求量大,可以提前安装部署;对于小业务量站点,可以等待真实业务需求来了,再进行安装部署。

具体业务、资源预测的方式也有多种,具体如下。

（1）根据历史增长数据进行预测:这就要求网络中的业务、资源数据是有时间标签的,这样可以使用算法统计分析数据的增长趋势、增长率等。这种方式对于持续、稳定增长的网络较为适合,如图 4-4 所示。

（2）根据历史增长数据,叠加客户可变因子进行预测:历史增长数据仅反映历史上的数据,未来如果存在突变的预期性不足,如拓展了新的业务领域,这时就需要叠加客户可变因子进行预测。这样就可以兼顾未来的增长预期。

（3）客户确定性业务输入:有的客户通过向各业务部门收集业务需求或有自己的一套方法论可以准确预测业务需求,那么规划系统也可以基于此确定性的业务需求输入来进行未来容量需求的计算。

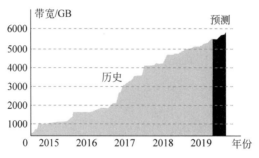

图 4-4　基于历史业务数据进行预测示意图

4.1.3　WDM/OTN 自动规划

当前规划、网管系统之间的数据是割裂的,系统之间的交互仍需要人工处理,这样会带来效率和正确性的问题,如图 4-5 所示。

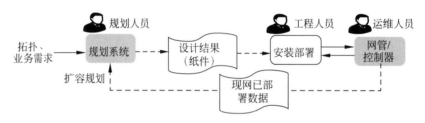

图 4-5　当前规划部署流程示意图

目标态的波分网络规划基于网络统一数据进行规划,仍需支持导出设计结果等各种交付件,指导工程人员现场实施。其最关键的能力是规划结果可以按需下发到网管/控制器等生产系统中,这样网络的逻辑配置就由规划下发自动生成了,而不需要人工进行重复配置,如图 4-6 所示。

基于统一管理的数据,输入客户新增的网络、业务需求,就可以进行 WDM/OTN 的资源规划。规划需要支持各种灵活的策略。

(1) 路由分离策略:链路分离、站点分离、共享风险链路组(SRLG)分离。

(2) 路由分离应用策略:尽量分离、绝对分离。

(3) 最短物理路径:最短距离、最小跳数、最短时延。

(4) 规划输出的结果,有两种方式可以进行网络配置。

(5) 输出电子件指导工程施工:包括业务路由图表、波道分配图、子架板位图、连纤图等。

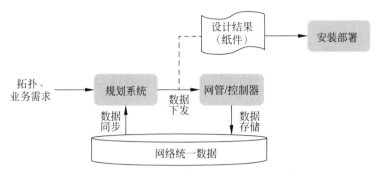

图 4-6　目标规划部署流程示意图

（6）在线下发到现网网管系统中：客户可以选择指定的资源范围，下发到网管系统中。

根据业务的保护需求，规划输出的业务路由，可以包含工作路由、保护路由及恢复路由，如图 4-7 所示。规划输出的子架板位图，可以指导现网施工人员进行板位插放。

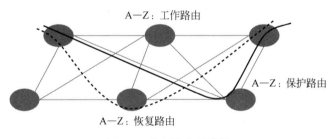

图 4-7　业务路由示意图

4.1.4　数字化 ODN

光分配网络（Optical Distribution Network，ODN）作为光网络单元（ONU）和光线路终端（OLT）之间的光传输物理通道，是 FTTx 网络的必要组成部分。ODN 通常由光纤光缆、光连接器、光分路器以及安装连接这些器件的配套设备组成。

随着千兆光网的快速发展，ODN 不止连接千家万户，还连接千行百业，是一张越来越巨大的光纤分配网络。它爬上线杆，走过街道，穿越楼道，甚至越过下水道。整个 ODN 网络的建设环境非常复杂，是接入网络的投资重点。虽然分光器和光纤等是不需要电力供给的无源设备，但不交电费的代价就是 ODN 变成"哑"资源，不会应答网管系统，所以很难实时管理。传统 FTTH 的部署方式也导致 ODN 建设成本高，维护效率低。

在此挑战之下,数字化 ODN 的解决方案应运而生。发展数字化 ODN 主要有三大目的。

(1) 降低建网成本,包含把传统的光纤现场熔接升级为端到端光纤预连接等方案。

(2) 提升数字化水平,把数据的人工录入升级为数据自动录入,解决人工维护和易出错等问题,实现数据的自动更新。

(3) 缩短业务开通周期,把光纤资源的人工排查升级为资源自动分配,有效地提升资源分配效率。

ODN 网络拓扑可视是数字化 ODN 的关键内容,是基于人工智能"图像识别算法"实现的。网络安装人员通过手机 App 拍照等手段,把 ODN 图片信息上传至接入网络控制器,控制器结合人工智能算法,识别图片内容,自动地录入 ODN 信息,生成实时的 ODN 拓扑视图,并对 ODN 资源进行分域管理,具体如图 4-8 所示。

图 4-8　ODN 网络拓扑可视

在 ODN 网络数字化基础上,OSS 可以实时地同步网络数据,做到建网完成即放号发放业务,无须再等待传统人工资源管理数据。由于实现了装机流程免资源核查,可有效缩短业务开通的时间。

4.2　维护自动化场景

维护自动化场景主要面向网络故障处理。当网络遭遇故障时,首先需要解决的是将受损业务从故障影响中快速恢复,传统网络保护自动化和 ASON 保护自动化均可满足这一要求。此后再对网络运行情况进行分析排查,找到故障原因后通过人工方式实施网络修复。

4.2.1　传统网络保护自动化

传统网络对业务的保护是通过双发选收机制来实现的。当工作通路发生问题时,会触发业务向保护通路倒换。考虑到业务需求是双向的,具体分为双端倒换、单端倒换两类情况。业务倒换后,如果工作通路经过维修后恢复正常,还可以选择是否恢复到初始的工作通路。

光传送设备能够提供完善的网络级保护解决方案,满足 OTN 网络各层次的可靠性保护要求,如图 4-9 所示。

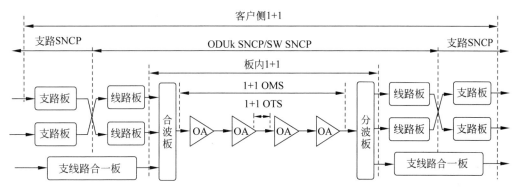

图 4-9　网络级保护示意图

(1) 1+1 OTS 光线路保护:光传输段层保护。保护相邻两个光线路放大器(OLA)站点之间的光纤。

(2) 1+1 OMS 光线路保护:光复用段层保护。在光纤保护基础上,增加了对 OLA 站点的保护。

(3) 板内 1+1 保护:设备线路侧保护。主要保护单通道的 OCh 业务,同时具备保护分合波单板、站点等光层单板的能力。

(4) 客户侧 1+1 保护:设备客户侧保护。提供业务跨越整个 OTN 网络的端到端保护,无论对传输光纤还是 OTN 设备本身均可起到保护作用。

(5) 支路 SNCP(Sub-Network Connection Protection,SNCP)保护:主要是对客户侧两个业务源进行保护,同时可以保护支路单板。

(6) ODUk SNCP 保护:实现细颗粒 ODUk 级别的保护,可用于保护线路单板、分合波单板、光放大器、波长选择开关及 OLA 站点设备。

（7）SW SNCP 保护：实现 GE 或 Any 级别的保护，与 ODUk SNCP 保护类似，仅保护的颗粒不同。

子网连接保护能够在主用子网连接失效或性能劣化时，使用备用子网（保护子网）连接替代主用子网连接，从而实现 50ms 的快速保护能力。

通常情况下，SNCP 保护主要应用在 ODUk 电层网络，运用电层交叉的双发选收功能，对线路板和 OCh 光纤进行保护，保护颗粒为 ODUk 信号（$k=0$、1、2、2e、3、4、flex）。在 G.873.1 标准中定义 ODUk SNCP 保护为 OTN 的线性保护，如图 4-10 所示。

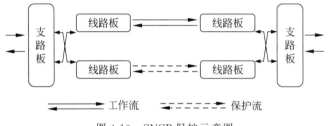

图 4-10　SNCP 保护示意图

SNCP 保护属于 1+1 类型的通道保护，具备倒换速度快、配置简单等特点，但是部署成本较高，通道资源利用率仅为 50%，且无法支持抗多次断纤保护的能力。因而需要与 ASON 保护技术相结合，实现更高效率及更高可靠性的网络保护。

在光接入网领域，G.984 协议定义了 TYPE A 至 TYPE D 共 4 种保护倒换结构。以 GPON 的 TYPE B 保护倒换结构为例，如图 4-11 所示将 OLT 的两个 PON 接入端口加入同一个保护组中，保护组成员的角色包括 work 和 protect 两类情况。一个保护

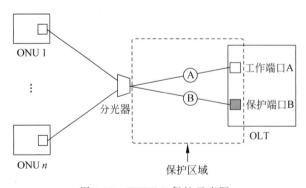

图 4-11　TYPE B 保护示意图

组中包含一路工作端口 A(即 work 端口)和一路保护端口 B(即 protect 端口),工作端口和保护端口分别是同一台 OLT 设备的两个接入 PON 口。在正常工作状态下,工作端口承载业务。当工作端口所在的链路发生故障时,系统自动将工作端口的业务切换到保护端口上,保证业务的正常。

4.2.2　ASON 保护自动化

从 20 世纪 90 年代起,随着互联网的迅速普及和应用,视频点播、虚拟专网、带宽租用等新兴业务不断涌现,网络规模与业务量呈爆炸式增长。IP 业务的不确定性和不可预见性等特点,对光传送网带宽的灵活调配功能提出了更大挑战,传统静态的网络资源配置方式已难以适应未来业务拓展和市场竞争的要求。SDH/WDM/OTN 技术的迅猛发展,为设计和实现全新传送网络提供了基础。在市场需求和新兴技术的双重推动下,一种能够自动完成网络连接建立的新型网络概念——自动交换传送网及其子集自动交换光网络(Automatically Switched Optical Network,ASON)应运而生。

ASON 的出现,有效解决了业务保护和成本均衡的矛盾,满足了光网络设备自动化保护的诉求,用最低的成本优势,来实现业务最高的可靠性保护诉求。同时也对网络的规划建设提供了创新思路,以全光交叉设备为基础,实现网络的无阻塞灵活调度和高可靠性保护。

ASON 的基本思想是在光传送网架构中引入控制平面,这也是它与传统光网络的根本区别所在。通过控制平面,实现光网络动态连接管理和资源分配,以及故障时的自动保护和恢复,推动光网络智能化发展。ASON 整体架构定义如图 4-12 所示。

在仿生学中有大脑和神经系统的概念,它们控制着人体的不同行为。以手碰到火会快速回缩为例,这一类条件反射过程是不需要大脑参与,而由脊柱神经系统直接控制的。但是进一步复杂的动作控制处理,则需要大脑进行分析。同样,飞行员操控飞机是对摇杆的操作,也是经过长期训练后形成的肌肉记忆和自然条件反射。肌肉记忆可以在几十毫秒快速做出反应,如果经过大脑来处理,则生理极限反应需要的时间会是几百毫秒。

ASON 与仿生学中的神经网络系统类似,能够在物理网络中快速地感知故障并实现业务恢复,其核心能力如图 4-13 所示。

(1)自动发现:物理设备的管理离不开实时感知要求对设备资源和状态,以及关联关系的感知能力。ASON 采用 GMPLS 协议来解决自动发现设备和链路资源功能,

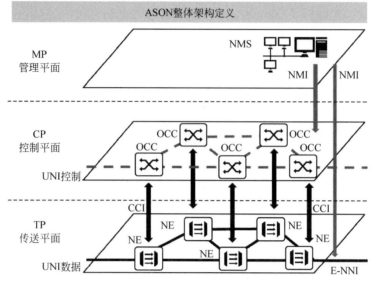

图 4-12　ASON 整体架构定义示意图

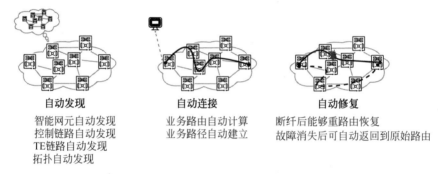

自动发现	自动连接	自动修复
智能网元自动发现 控制链路自动发现 TE链路自动发现 拓扑自动发现	业务路由自动计算 业务路径自动建立	断纤后能够重路由恢复 故障消失后可自动返回到原始路由

图 4-13　ASON 自动化的核心能力

可简化维护成本。

（2）自动连接：传统物理设备都是固定连接的，不够灵活，连接建立之后无法动态调整，如果需要改变连接关系，则需要相应地改变物理设备，成本代价高。后来逐渐演进到交叉连接的方式（如 ROADM、电交叉等），物理设备就具备了灵活建立连接或拆除的能力。同时借鉴和扩展了 IP/MPLS 协议，对光网络的节点交叉进行有效控制，从而实现快速简单的端到端业务自动连接建立能力。

（3）自动修复：物理层诞生了灵活的交叉连接技术之后，一旦发生故障就可以快速地建立新路径，以保障受损业务连接的恢复自愈，从而减少光纤维修的紧急度，解决运营商紧急修复光纤的时间压力，这样就可以有计划地去修复光纤，减少紧急事件引入的额外成本。其特点是解决业务故障自愈保护问题,而不追求其极致确定性恢复时间。

ASON 在兼容传统保护机制的基础上,具备动态重路由恢复功能,从而能够显著增强网络可靠性。传统 1+1 保护业务只能抵抗一次断纤,而 ASON 业务依靠重路由恢复功能,可抵抗多次断纤。网络 MESH 度越高,可用的恢复路径越多,则 ASON 的可靠性越高,如图 4-14 所示。

智能ASON

传统1+1保护　　　　　　　　ASON保护

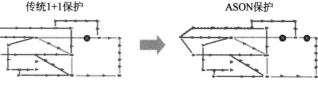

彩色图片

ASON充分利用现网空闲资源、保护波道以及共享恢复资源进行业务恢复,较少的资源实现更具可靠性的保护,提升资源利用率

- 有效提高资源利用率
- "有路就通",多次断纤保护是ASON的独特价值

分类	可靠性	资源利用率	运维能力
传统1+1保护	抗一次断纤	50%	人工静态配置
ASON保护	抗多次断纤	70%(具体业务场景相关)	资源自动发现

图 4-14　ASON 保护和传统保护的区别

ASON 业务抗多次断纤的能力,可避免由于光纤线路故障而导致业务长时间中断,降低对修复故障的时间要求,从而降低 OPEX。另外,运营商通过 ASON 提供高可靠性的业务,可提升自身的品牌,如图 4-15 所示。

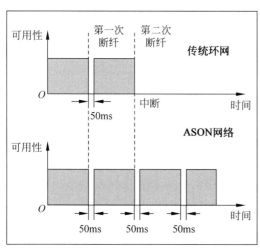

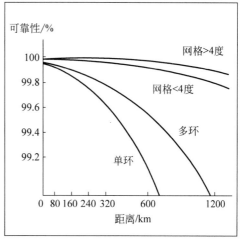

图 4-15　ASON 抗多次断纤可用率示意图

除了抗多次断纤保护之外,用户对 ASON 自动化恢复性能也有强烈要求,这直接关系到业务的可用率,ASON 自动化恢复的时间越快,则对应业务的可用率就越高,如表 4-2 所示。其中,单业务可用率等于$(1-MTTR/MTBF)$。

表 4-2　ASON 重路由恢复性能可用率理论计算值

单业务可用率 A/%	单业务全年(525 600min)MTBF/min	单业务全年MTTR/min	单次重路由时间/s
99.990 106 5	525 548	52	60
99.995 053 3	525 574	26	30
99.999 663 6	525 598.232	1.768	2
99.999 917 4	525 599.565 8	0.434 2	0.5

从控制模式上,ASON 可分为光层 ASON 和电层 ASON。在实际的网络应用中,客户会根据自身网络特点,选择相应的 ASON 控制模式,如图 4-16 所示。

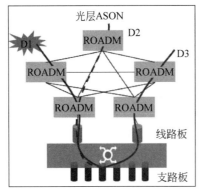
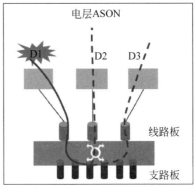

图 4-16　光层 ASON 和电层 ASON 的区别

(1) 电层 ASON:基于 OTN 光交叉+电交叉架构,实现波长级高效保护,一般存在光层限制,适合中小型短距网络。

(2) 光层 ASON:基于 OTN 电交叉架构,实现子波长级精细化保护,能够突破光层限制,适合大型长距网络。

以传统的骨干/干线网络为例,重点描述使用 ASON 自动化保护前后的效果和收益。传统的骨干/干线网络组网方式无法满足互联网+和新型业务的自动化保护诉求,存在下面几个问题。

(1) 多层网络架构,业务转接多,网络时延大。以廊坊—北京业务为例,按行政区规划建网,业务经过廊坊→石家庄→北京,业务绕远 572km,时延增加 2.9ms。

（2）大量手工连纤，多系统调测，业务开通耗人耗时。光层：穿通站点依赖人工跳纤、效率低。电层：OTU 对接，面临多厂商共存问题，需协调不同厂商配合调测。

（3）业务有大量光电转换，带来组网成本提升、机房资源消耗成倍提高。以国内某站点为例，此站点包含 3 个波分系统转接，增加了大量的转接单板，总功耗达 18kW，年耗电约 315 360kWh；占地用 4 个机柜（600mm×300mm）。

（4）传统国干为无保护链状网，健壮性差。据统计，中国电信干线年均断纤 100 余次，网络故障对金融业的损失则高达百万美元每小时，现网日常维护数据为 1～2 次断纤/周，2～3 次割接/天。

新型全光骨干/干线网络的发展，不仅能够解决当前面临的问题，同时还具备平滑的演进能力。

ASON 和 ROADM 技术的成熟，以及大规模的商用部署，助力骨干/干线网络走向全光网络，提供更经济、更灵活、更智能的超大容量 ROADM 网络，从根本上解决传统网络面临的困难和挑战。

在全光骨干/干线网络场景，ASON 提供全方位的软件解决方案，帮助网络实现超大规模、智能可靠的灵活调度能力，其特性如表 4-3 所示。

表 4-3　ASON 解决方案特性

特　　性	ASON 解决方案描述
设备自动化	设备自动发现，拓扑自动发现和感知，资源自动发现和感知等
业务策略	丰富的资源使用策略，路径计算策略，SRLG 分离策略，时延最优/区间策略等
业务发放	丰富的业务保护 SLA 等级，快速连接自动建立，光物理损伤自动选择中继等
业务自愈	快速的业务重路由恢复自愈性能
业务优化	新增光缆、改造站点、割接等场景，提供业务优化功能
业务管理	业务的修改、删除，OVPN 分权分域管理等
业务维护	包括业务的维护手段，以及告警事件的维护手段

智能全光骨干/干线网，直接带来网络能力和价值的综合提升，具体表现如下所述。

（1）时延最优：全光 MESH 网络中业务一跳直达，时延最优。以长江中下游区域 ROADM 网开通为例，由于采用全光 MESH 互联，苏州至上海走直达光缆，路径可缩短到 127km，时延低至 1.44ms。

（2）业务敏捷：WSON 端到端开通波长级业务更快速，灵活波长交换和提升网络弹性使业务调整更快捷，光功率自动调测，光层直接穿通和避免多系统转接，无须规划落地单板间的对接关系，避免手工尾纤连接，减少人工操作时间。

（3）绿色节能：全光交换可显著减少转接所需 OTU 单板，降低建网成本，光层直达，使 Capex 节省 30%，能耗/空间降低 40%。

（4）智能可靠：WSON 同时提供"工作＋保护＋恢复路径"机制，增强网络健壮性，支持确定性重路由恢复可以抗多次断纤。网络平均抗断纤保护次数 4.9 次，区域建设全光网以后，光纤割接时，业务 30s 之内成功倒换，对 163、CN2、DCI 等影响大大降低。

4.2.3 精准排障

光网络在设计之初会考虑各种异常场景，通过冗余设计和保护机制，尽可能减小故障对业务的影响。但在遭遇二次故障或者严重故障时，业务仍有可能会发生中断。例如工作路径和备用路径同时发生中断，或者关键光缆中断导致网络备用资源耗尽等。运营商专门投入维护资源处理网络故障，并制定了规范的工作流程，如图 4-17 所示。

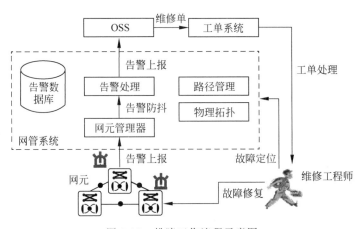

图 4-17　排障工作流程示意图

（1）网络出现故障后，设备感知到异常并产生异常信息的告警，上报给网管。

（2）网管收到告警后，经过必要的处理，添加定位信息并转换为操作员可理解的告警上报给 OSS。

（3）OSS 收到告警后，根据告警的严重级别和定位信息，产生维修单并提交维修单到工单系统。

（4）工单系统将维修单分配给维修工程师。

（5）维修工程师收到维修单后，登录到网管，依据业务的路径信息、网络的拓扑等信息,结合人工经验,执行必要的在线测试操作,判断故障根因。

（6）根据故障根因,到现场进行故障修复。

分析上述流程,可以看到当前存在的主要问题如下所述。

（1）光网络出现严重故障时,往往会在路径上下游、不同信号层次上产生大量衍生故障告警,可能触发大量重复无效的维修工单。

（2）告警数据分散,关联定位故障困难,问题定位速度很大程度依赖维修工程师的人工经验和技术水平。

随着网络规模不断增大,每天产生的告警数量会越来越多,运营商将有限的维护资源额外消耗在衍生告警甄别和无效工单处理上,从故障产生到识别根因并修复非常耗时,有可能长时间影响承载业务。

面对排障过程中的这类问题,要应对大网高可用率挑战,要求网管及上层 OSS 具备对网络故障的快速感知和精确定位能力,以帮助运维工程师在发生故障时能以最快速度找到故障根源并排除故障。

智能故障根因分析（Root Cause Analysis,RCA）可提供这样的智能分析能力,通过机器学习方式识别根因告警,将大幅过滤和压缩衍生告警,甚至精确实现一个故障对应一个根因 Incident。让面向大量告警的故障运维,减少无效重复维修工单,演进到面向少量/一个 Incident 的精准排障。

智能 RCA 实现原理如图 4-18 所示,应用学习型模型训练算法,可通过设备厂商多年的技术积累形成的组网和故障场景进行针对性 AI 训练,持续提升告警压缩和根因分析准确率;具备灵活的专家规则引擎,可提供多样化告警规则定制。嵌入 OSS 达成"Situation 派单,故障即工单"目标。

运营商应用 RCA 后的排障工作流程,如图 4-19 所示。

（1）网络出现故障后,设备感知产生告警和衍生告警,并上报到网络管理和控制系统。

（2）网络管理和控制系统进行告警常规处理,转 RCA 功能进一步分析。

（3）根据规则,过滤去除无意义的告警。

（4）根据告警产生的时间、位置、顺序等信息,结合规则分析和机器学习成果,找出同一个故障触发的告警列表,并判断此列表中哪个告警为根因告警。

（5）同一个故障产生的告警被归类在一起,并生成一个"故障事件"上报给 OSS,OSS 根据此故障事件产生维修工单并提交到维修工程师。维修工程师直接处理"故障事件"。

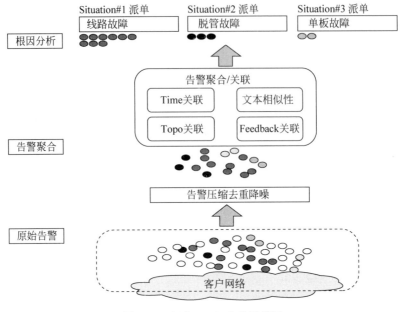

图 4-18　智能 RCA 实现原理图

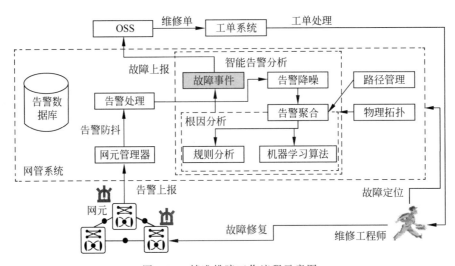

图 4-19　精准排障工作流程示意图

从上述过程可以看出,应用智能 RCA 功能识别根因告警,可大幅减少日常维护过程中维修工单的数量,降低排障过程中的资源消耗,提高故障的解决速度,可有效应对网络规模不断增大带来的网络故障处理压力。

4.3　网优自动化场景

4.3.1　光网健康可视和预测

1．光网运维面临的挑战

光纤是光网络的基础单元,光纤故障是光网络中最为常见的一类故障类型。光纤故障总的来说可以分为两类:一是光纤突变类故障,如光纤中断,出现光纤中断故障后需要尽快找到光纤中断位置并对受损光纤进行维修;二是光纤缓变类故障,如光纤劣化、连接件松动等,可能导致光纤衰耗变大,或者光功率抖动,根据劣化程度的不同,还会导致承载在相应光纤上的业务出现各种不同的现象,如业务误码、保护倒换、业务瞬断等,光纤缓变类故障定位困难,且难以处理。

网络故障分类及占比如图 4-20 所示。

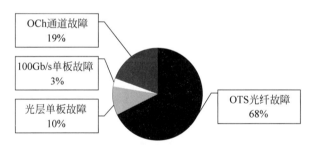

注：根据2017年现网故障统计数据

图 4-20　网络故障分类及占比示意图

分析网络光纤故障发生原因,以某运营商某一具体的现网数据为例进行说明,其中约 44% 的光纤故障属于由外力触发的突变类故障,如施工挖断、动物啃噬、人为剪断、车辆撞断、火灾等导致的光纤中断;约 56% 的光纤故障属于缓变类故障,主要由法兰盘/衰减器等连接件导致的松动、连接件模块故障或者纤芯故障等导致,如表 4-4 所示。

表 4-4 网络故障模式

故 障 模 式	故 障 类 型	主要故障原因	故 障 占 比
突变类 43.51%	外力触发故障	1. 施工挖断（48%） 2. 动物啃噬（22%） 3. 人为剪断（17%） 4. 车辆撞断（7%） 5. 火灾或其他（6%）	43.51%
缓变类 56.49%	连接件松动	1. 光纤松动（75%） 2. 法兰盘松动（19%） 3. 衰减器松动（5%） 4. 其他（1%）	25.23%
	连接件模块故障	1. 跳纤故障（70%） 2. 衰减器故障（16%） 3. 法兰盘故障（13%） 4. 其他（1%）	21.94%
	纤芯故障	1. 纤芯受损（56%） 2. 纤芯中断（30%） 3. 其他（14%）	9.32%

由于导致性能劣化的原因不同，相应的劣化速度会有明显差异，比如连接件松动引起渗水可能导致光纤在几天内出现大幅劣化，而如果是人工拉扯导致纤芯受损，光纤可能会在几小时内出现大幅劣化。例如某一真实案例，机房内设备和 ODF 架之间的尾纤被机房维修人员不小心拉扯到，导致纤芯受损，在 4 小时内光纤快速劣化 12dB，从而导致大量业务中断近 2 小时。

如图 4-21 所示，一根光纤目前可以承载 80 波/96 波/120 波/220 波，未来可能更多，每个波道上能够承载 100G/200G/400G 业务，未来甚至是 600G/800G 的业务，所以光纤故障会影响网络中大量业务的正常运行，且故障定位非常困难，需要运维员工查询各个节点的光功率和光性能数据并进行深入分析。光网健康可视和预测就是面

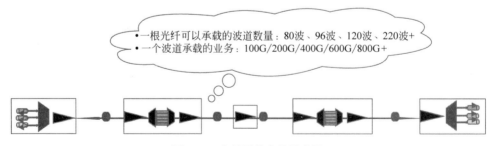

• 一根光纤可以承载的波道数量：80波、96波、120波、220波+
• 一个波道承载的业务：100G/200G/400G/600G/800G+

图 4-21 光纤承载容量示意图

向此类场景提供的自动化运维能力,尤其是针对光纤缓变类故障引起的网络亚健康问题,可以提前识别并进行处理。所以,全光自动驾驶网络希望光网健康情况能实时可视、亚健康趋势可预测、亚健康问题点可准确定位,从而可快速识别网络隐患并予以有效解决。

2. 光网健康可视和预测目标

光网健康可视和预测功能主要是改变传统运维的工作模式,从被动运维转变为主动运维。在光纤和波长出现缓变类故障时,可以在业务受损之前提前发现并主动预警网络运行风险,使运维人员可以做到及时、有计划性地开展维护操作,从而提升网络的运行质量,保证业务可用性。

3. 光纤健康可视和预测特性介绍

1) 光纤健康可视和预测方案

光纤是光网络最基础的部件之一,光纤健康可视和预测主要是实时监测光纤的收发光功率、光纤衰减等主要的光学参数,并基于 AI 算法对这些数据进行未来变化趋势的预测,从而得到光纤当前的健康状态,以及未来一段时间内光纤健康程度的变化趋势,有隐患能及时预警,实现网络主动运维,如图 4-22 所示。

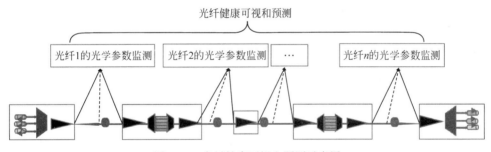

图 4-22　光纤健康可视和预测示意图

光纤健康可视和预测的典型能力如下所述。

(1) 光纤健康可视。

① 光纤劣化状态实时可视,可能会影响业务的明显劣化需要主动预警。

② 光纤收发光功率、光纤衰减等光学参数当前信息和历史信息可视,能清晰显示光纤的光学参数变化趋势。

③ 光纤上承载的 OCh 信息实时可视,能明确显示亚健康光纤会导致哪些业务受影响。

（2）光纤健康预测。光纤健康度变化趋势可预测，能预测一段时间内的变化趋势，如图 4-23 所示。

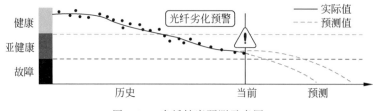

图 4-23　光纤健康预测示意图

（3）光纤劣化问题点准确定位。对于导致光纤劣化的问题点，可以直接定位到光纤的具体位置。

2）波道健康可视和预测方案

波道是光网络的主要管理对象，一个波道是跨多段光纤及多个站点的一条光层管道，站间光纤、站内光纤、光层单板的各种问题都会对波道上光信号性能造成影响。波道的健康可视和预测主要是实时监测站间光纤的光学参数、站内光纤的光学参数以及波道所经过的单板的光学参数。主要的光学参数包括单波收发光功率、纠前误码、OSNR 等，基于 AI 算法对这些数据进行未来变化趋势的预测，从而得到波道当前的健康状态，以及未来一段时间内波道健康程度的变化趋势，实现隐患及时预警，满足实现网络主动运维的要求，如图 4-24 所示。

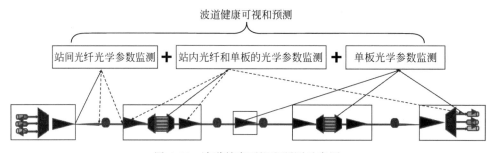

图 4-24　波道健康可视和预测示意图

波道健康可视和预测的典型能力如下所述。

（1）波道健康可视。

① 波道光性能劣化状态实时可视，明显劣化需要主动预警。

② 波道光功率、光性能、OSNR 等光学参数当前信息和历史信息可视，能清晰显示波道的光学参数变化趋势。

③ 波道上承载的业务信息实时可视,能明确显示亚健康的波道会导致哪些业务受影响。

④ 波道所经过的光纤的信息可视。

(2)波道健康预测。波道健康度变化趋势可预测,能预测一段时间内的变化趋势,如图 4-25 所示。

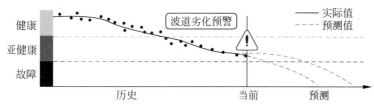

图 4-25　波道健康预测示意图

(3)波道劣化问题准确定界,可以定界导致波道劣化的具体光纤。

光网健康可视和预测特性主要通过光传感器采集光功率、光性能等光层参数,并基于 AI 算法进行评估和预测,从而判断光层健康程度,并预测未来的变化趋势,指导开展主动运维,在故障发生前解决可能引发故障的问题。

4.3.2　光性能自动调测

1. 光性能调测面临的挑战

波分光层系统是一个模拟系统,光纤中各波长受 EDFA 烧孔效应、增益竞争效应、光纤的非线性效应以及光放大器瞬态效应的影响,导致线路中任意波长的光功率波动均会影响其他波长,同时光的透明性也决定了调节光的上游功率的大小,会导致下游功率随之变化,且随着光纤长度、光放大器数量的变化这种级联耦合影响会累积,为保证光信号传输质量,必须进行光性能调测。

波分网络中,有多个光信号在同一根光纤中传输。以路由一致、光信号的编码调制和接收方式相同的传输网络为例,性能最差的光信号决定了该路由上的有效传输距离。因此,要尽量做到各路光信号的传输性能均衡,才能增加总的传输距离,或者避免在性能差的那些光通道上增加不必要的光中继。

影响波分系统性能的因素如表 4-5 所示,主要有接收端 OSNR、背靠背 OSNR 容限、光纤非线性、偏振相关损耗(PDL)代价、滤波代价等。

表 4-5　波分系统性能的影响因素

影 响 因 素	主要影响来源
接收端 OSNR	光放大器 ASE 噪声
背靠背 OSNR 容限	发端编码和调制速率、收端接收方式
光纤非线性	线路传输光纤
PDL 代价	光器件
滤波代价	MUX/DMUX/WSS

OSNR 是决定当前波分系统性能的最主要因素之一,它决定了传输性能的最高值。在其他条件不变的条件下,接收 OSNR 越高,传输性能越好,而 OSNR 的影响主要源自光放大器引入的 ASE 噪声。

背靠背 OSNR 容限、光纤非线性代价、滤波代价、PDL 代价等综合在一起,决定了接收端 OSNR 最低值所需要的值(OSNR 容限)。

传输性能评价方式可简单地表示为:

$$OSNR 余量 = 接收 OSNR - OSNR 容限 \qquad (4\text{-}1)$$

从式(4-1)及上面的分析可知,由于 OSNR 是当前波分系统性能最主要的受限因素,因此把同源同宿波道的 OSNR 调平,是波分系统最重要、最有效的光性能调测方法。该方法可维持各波长通道性能之间的一致性,从而避免个别光通道因接收 OSNR 不足而限制了整个系统的传输距离。

光性能调测主要是通过调节光放大器、VOA、WSS/VMUX 等可以改变波道功率的单元,使得光放大器的总功率与波数相匹配,同源同宿各波道的 OSNR 基本相当,并且 OTU 接收功率还需要在合适的范围内,从而达到各通道的性能基本相当的目的。

图 4-26 所示是一种典型的波分系统,主要由 OTU、MUX/DMUX、WSS、光放 OA、系统长光纤等多种光器件组成,随着光纤通信系统的不断发展,光网络日趋复杂,系统波长数量增长,保障波分系统的良好性能变得越来越具有挑战性。

2. 光性能自动调测目标

目前常见的光层性能调节方法有两种:光功率均衡与 OSNR Loss 均衡。

(1)光功率均衡:光功率均衡是根据功率监控点上报的功率谱来进行均衡处理,实现监控点处的光功率平坦。根据功率监控点所在的位置,光功率均衡可以分为发端功率均衡、中间级功率均衡和收端功率均衡,目前使用的一般是发端功率均衡。光功率均衡主要适用于传输跨段数较少、系统余量充足的场景,不适用于传输跨度数多、波

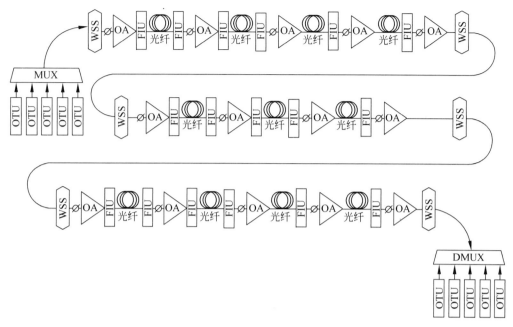

图 4-26　典型波分系统组网

道数目多、系统余量紧张的光网络场景。

　　(2) OSNR Loss 均衡：OSNR Loss 均衡是指对每个 OMS 段，将 WDM 信道的 OSNR 劣化量调节为一致，同样也是通过调整每个 OMS 段发端的 VMUX、WSS 的单通道插损改变每个信道的光功率，以此达成 OSNR Loss 均衡的调测效果，如图 4-27 所示。

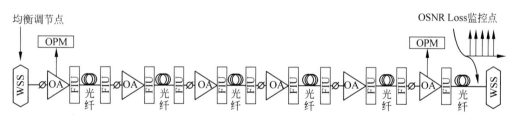

图 4-27　OSNR Loss 均衡示意图

　　OSNR Loss 均衡是直接瞄准"OSNR 均衡"这一要求开发出来的调测算法和实施方案，其均衡性能优于光功率均衡，尤其适用于波道数目多、传输跨段数多、系统余量小的场景。但是 OSNR Loss 均衡的调测方法更复杂。

　　目前光层调测基本为人工基于光功率发端均衡的方法逐站点逐波长调测，而面向更多的光方向、更大的波道数量、更复杂的组网场景,则需要采用 OSNR Loss 均衡调测方法才能更好地保证光信号传输质量。OSNR Loss 均衡调测方法复杂,难以人工调测,需要提供自动的调测方法来维持光层信号性能,可大幅降低网络维护复杂度和对运维人员的技能要求,显著提升网络运行质量和网络运维自动化能力。

光性能自动调测目标如下所述。

(1) 主光路劣化自动调测,免人工调测。

(2) 单波劣化自动调测,免人工调测。

(3) 主光路和单波多点同时劣化自动调测,免人工调测。

3. 光性能自动调测特性介绍

网络运行过程中,由于光纤劣化、光纤割接、单板老化、加掉波等,OCh 的性能会发生劣化。劣化时可以通过调整光功率来优化光性能,劣化达到性能极限时需要修复光纤或重新设计 OCh 路径。常见的需要调测的网络场景,如表 4-6 所示。

表 4-6 常见调测场景

需要调测的场景	具体现象	产生的可能原因举例
主光路调测	光纤衰减偏大	光纤因老化、弯折、熔接等原因可能发生衰减变大
	光纤衰减偏小	光纤割接维修或者更换光纤,导致光纤衰减变小
	多点光纤衰减异常	网络劣化未及时处理,长期累积导致多点问题
单波调测	单波功率偏高	站内光纤/单板老化或者加掉波对老波影响等导致单波功率异常
	单波功率偏低	
	单波功率多点异常	
主光路和单波同时调测	OCh 路径上可能同时存在主光路的异常和单波的异常	网络劣化未及时处理,长期累积导致多点问题
网络综合光性能优化调测	光纤上多条 OCh 路径光性能不均衡	光纤上新增多条 OCh 路径或者删除多条 OCh,导致 OCh 之间光性能不均衡,综合传输性能劣化

1) 主光路自动调测

(1) 光纤衰减变大的场景。光纤因老化、弯折、熔接等原因可能出现衰减变大的情况,这时需调整下游光放的增益补偿衰减(跨段中配置了合波衰减时优先降低合波衰减),光纤衰减过大时应维修光纤,举例说明如图 4-28 所示。

图 4-28 中,站间光纤衰减从 20dB 变化为 25dB,如果用户没有特殊要求,应减少前置衰减和增大下游光放增益;将图中下游光放从增益 20dB 调节到 25dB,补偿光纤衰

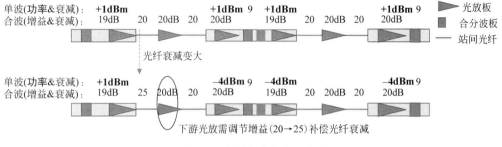

图 4-28　光纤衰减变大示意图

减,以满足 OTS 段增益值补偿衰减值。下游单波光功率恢复到初始光功率值。

(2) 光纤衰减变小的场景。由于光纤劣化严重或市政施工等原因,用户可能会割接维修或者更换光纤,从而出现光纤衰减变小的情况,举例说明如图 4-29 所示。

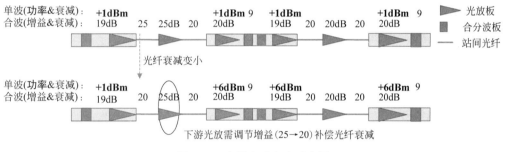

图 4-29　光纤衰减变小示意图

图 4-29 中,站间光纤衰减从 25dB 变化为 20dB,如果用户没有特殊要求,应减少前置衰减和降低下游光放增益;将图中下游光放从增益 25dB 调节到 20dB,补偿光纤衰减,满足 OTS 段增益值补偿衰减值。下游单波光功率恢复到初始光功率值。

(3) 多点光纤衰减异常的场景。网络中可能存在多个 OTS 或多个 OMS 衰减异常,OCh 可能会经过多个异常的 OTS/OMS,举例说明如图 4-30 所示。

图 4-30 中,OCh 业务经过多个异常 OMS,OMS1 中站间光纤衰减从 20dB 劣化到 25dB,OMS2 中站间光纤衰减从 20dB 劣化到 23dB,业务单波光功率从＋1dBm 劣化到 −7dBm,如果用户没有特殊要求,应减少各 OTS 段前置衰减和加大下游光放增益。

将图 4-30 中 OMS1 中下游光放从增益 20dB 调节到 25dB,OMS2 中下游光放从增益 20dB 调节到 23dB,各自补偿 OTS 光纤衰减,满足 OTS 段增益值补偿衰减值。下游单波光功率恢复到初始光功率值。

由于光性能的级联耦合影响,调测主光路导致的单波功率变化会向下游传递,需

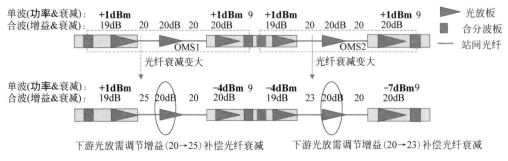

图 4-30　多点光纤衰减异常示意图 1

特别注意的是传递路径上的背景单波的安全性。主光路调测时,经过该主光路的波道功率会发生变化,下游 OMS 中的其他波道会受到经过调测主光路的这些波道功率变化影响。蓝色波道为经过待调测主光路的波道,绿色波道未经过待调测主光路,但绿色波道与蓝色波道的 OMS 有重合。当蓝色波道数量多,待调测主光路的调节量大时,对绿色波道的影响较大,可在调测过程中对下游绿色波道进行光功率锁定,减少对下游其他业务的影响,如图 4-31 所示。

彩色图片

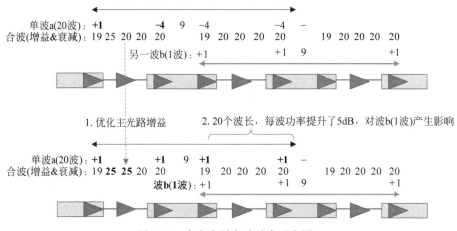

图 4-31　多点光纤衰减异常示意图 2

2)单波自动调测

与主光路异常相似,单波异常也存在功率偏低、偏高和多点异常情况,产生原因有单波调测不准确、站内光纤/单板老化、加掉波对原有波道的影响等。单波功率异常发生在中间站点影响 OCh 的 OSNR 和非线性,异常累积到 OTU 收端可能超过 OTU 的功率接收灵敏度范围,举例说明如图 4-32 所示。

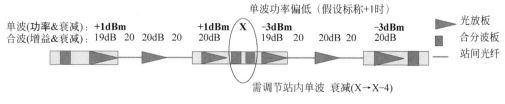

图 4-32　单波调测示意图

站点入站的单波功率为 +1dBm，出站的单波功率为 -3dBm，出站单波功率偏低，应调节站内 WSS 的单波衰减，满足出站单波光功率值为目标光功率，下游单波光功率恢复到目标光功率值。

3）主光路和单波协同自动调测

OCh 经过多个光纤跨段和 ROADM 等站点，OCh 路径上可能同时存在主光路的光功率异常和单波的光功率异常。各异常点的光功率可能偏高也可能偏低，当不同异常点的功率异常方向相反时，需要分步交替调测或并行调测，如图 4-33 所示。

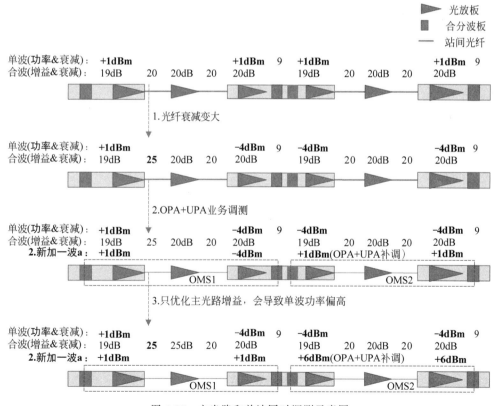

图 4-33　主光路和单波同时调测示意图

图 4-33 中,第一段光纤劣化后,未及时调整光放增益就进行了新的 OCh 发放,而新的 OCh 发放只进行了单波调测,为了使单波功率达到目标,在第二个站点设置的站内衰减较小,因此出现了主光路和单波调测同时存在异常的情况。

如果这时只对第一段光纤劣化调整下游光放增益,会导致从第二个站点起单波功率偏高,业务存在中断风险。实际调优时 OMS1 主光路异常和 OMS2 单波异常这两处异常需并行调测;OMS1 下游光放从增益 20dB 调节到 25dB,OMS2 调节单波调节量满足出站单波光功率值为目标光功率。下游单波功率恢复到初始光功率值。

4.3.3　PON 光路弱光诊治

ONU 弱光问题是 ONU 端接收到的光功率低于其接收灵敏度指标的要求,它是运营商 PON 网络的通病。一般情况下,ONU 的接收光功率低于 -27dBm,称为弱光 ONU。ONU 弱光会导致用户网络不稳定、频繁掉线、网速慢等情况,严重影响宽带用户的使用体验。

由于产生弱光问题的原因比较复杂,运营商通常难以及时地感知到 ONU 弱光问题,也难以快速定位到弱光问题的具体原因。在这一背景下,PON 网络需要支持管路弱光诊治解决方案,以支持弱光问题的自动定位。

OLT 的 PON 口决定了 PON 网络的发射光功率,光信号在经过 ODN 光通道的损耗后,就是 ONU 侧能够接收到的光功率,即

$$ONU 侧的接收光功率 = OLT 的 PON 口发送光功率 - ODN 光通道损耗 \quad (4\text{-}2)$$

由式(4-2)可知,当 OLT 的 PON 口发送光功率越强,ODN 光衰越小,则 ONU 针对特定 OLT PON 口的接收光功率就越大,即不会出现弱光问题。ODN 网络光功率衰耗主要由光纤引入衰减及光器件引入插损组成。

(1) 衰减:信号在光纤中传播时,将会有一部分能量转化成热能或者被传输介质吸收,从而造成信号强度不断减弱,这种现象称为衰减。

(2) 插损:又叫插入损耗,其指在传输系统中由于器件插入而发生负载功率的损耗,它表示为该器件插入前负载上所接收光功率与插入后同一负载上接收光功率以分贝为单位的比值。

传统方式下,一旦用户投诉故障,维护人员只能上门整改,从 ONU 到 OLT,在每一个可能的故障点逐点逐段测试来进行故障定位。人工分析定位 ODN 故障段落,耗时长、工作效率十分低下。据统计,某运营商某城区分公司仅某一年度的光路诊治耗时就达到 1.8 万小时以上。

方法总比问题多,我们可以借助人工智能(AI)来解决弱光整治难题。PON 弱光智能诊断解决方案包含如下三方面。

(1)弱光端口检测。

采用统计学的方法,可以对 OLT、ONU 性能数据进行分析,进行弱光异常判断,输出弱光异常信息。基于业务影响,输出整改优先级,提升整改效率。

(2)弱光故障定界。

在检测出弱光端口的基础上,可以采用层次聚类的方法对所有的弱光端口构建故障定界模型,进而识别出弱光端口的故障点位置,分主干光纤故障、二级分光故障、尾纤故障这三类。

基于异常类型,可以识别出故障是光纤弯曲还是连接器松动等具体故障类型。

(3)高风险弱光端口预测。

通过机器学习和大数据分析,识别部分缓变类故障,预测一定时间内劣化越限的光模块和光路,针对性批量整改,从而避免偶发硬件故障导致的用户业务批量中断较长时间的问题。

从实际效果来看,使用人工智能的方法进行自动化弱光整改,相对传统弱光整改方案,整改效率可以提升 50% 以上,同时可以达到主动运维和消除潜在风险的良好效果。

4.4　运营自动化场景

4.4.1　专线业务自动化

1. 专线业务面临的挑战

随着互联网＋,5G、4K、VR、数据中心等业务的蓬勃发展,OTT 开始进入运营商市场。由于互联网模式需要快速业务上线,同时丰富的业务创新带来了新的竞争,因此驱动运营商必须进行互联网化转型。网络投资不断增长,新业务创新乏力,跟不上互联网的发展,也不能满足用户的需求。互联网＋时代的业务需求千变万化,新业务机会稍纵即逝,而快速敏捷的业务发放,是保证新业务快速上线的基石。因此,如何在运营商已有的安全、可靠、电信级网络服务的基础上,提升一站式、自助、敏捷、灵活、随选、智能的服务能力是运营商发展专线业务的关键挑战。

2. 专线业务自动化目标

专线业务为客户提供了专有的业务传递通道,客户对业务质量提出严格、差异化的指标要求,NGOF 论坛对专线业务关键指标定义如下。

(1)可保证带宽。

运营商在提供专线租赁服务时,网络带宽是必备资源。传统专线租赁主要分为城域内带宽、省内带宽以及跨省带宽,而新型云专线则分为云接入带宽和云间互联带宽。专线区别于公网业务的重要特征就是端到端可保证的带宽。即每一个租户的带宽是独立占用,不能被其他用户所抢占。

从承载技术上来看,不同的技术对于客户最终的带宽占用结果有差异,直接体现为客户的业务是否受损,因此可保证的带宽根据不同的保障效果,定义出不同的等级,从专线产品属性上匹配不同类型客户的诉求,从而提供差异化的服务。建议可保证的带宽划分为三个等级。

① 五星级:指标为带宽绝对保证。其他用户流量突发完全不影响本用户的带宽品质。

② 四星级:指标为带宽相对保证。其他用户流量突发,会导致整网用户按照 QoS 优先级调度,低优先级业务无法保证。

③ 普通级:指标为尽力而为。流量突发时所有用户业务公平丢弃。

(2)链路可用率。

链路可用率是指业务能够为用户提供正常服务的时间占服务总时间的月平均值,这个指标是客户目前最为看重的关键业务指标,通常明确签署于专线合同中,并在合同中直接与赔偿相关。

链路可用率可根据不同的指标值,定义出不同的等级,从专线产品属性上匹配不同类型客户的诉求,从而提供差异化的服务。可考虑将链路可用率指标划分四个等级。

① 五星级:指标为链路可用率不低于 99.99%。

② 四星级:指标为链路可用率不低于 99.9%。

③ 三星级:指标为链路可用率不低于 99%。

④ 普通级:指标为链路可用率不低于 95%。

(3)业务安全。

国家保密局发布的《计算机信息系统国际联网保密管理规定》中第六条规定:涉及

国家秘密的计算机信息系统,不得直接或间接地与国际互联网或其他公共信息网络相连接,必须实行物理隔离。随着未来大量企业上云,则企业内部局域网变为专线连接,对专线安全性的要求与企业局域网同一个级别,即必须要与其他企业做好硬管道隔离,防止信息泄露以及业务互相影响。

根据技术不同,可以考虑将安全定义为四个安全级别,从而精准匹配差异化客户诉求,提升专线解决方案竞争力。

① 五星级:指标为物理设备隔离。

② 四星级:指标为 L1 硬管道隔离,L1 层加密属性可选。

③ 三星级:指标为 L2 逻辑管道隔离,L2 层加密属性可选。

④ 普通级:指标为共享资源,平等抢占,L3 层加密属性可选。

(4)时延与时延抖动。

基于时延差异化指标,带来不同的用户体验,使用户可基于时延的情况灵活选择服务器的最佳部署位置,同时时延的差异化服务也可以为运营商创造更大的竞争力。由于时延与光纤距离强相关,本书中的距离以两点间的运营商所能提供的最短距离为参考值,以避免不同运营商两点间的光纤由于路径不同存在的差异。

根据技术不同,可以考虑将时延与时延抖动定义为四个级别,从而精准匹配差异化客户诉求。

① 五星级:时延指标为 1000km 端到端开通时延小于 6ms,时延抖动指标为实际路由时延与开通时的时延差在 10% 以内,时延与网络负载无关。

② 四星级:时延指标为 1000km 端到端开通时延小于 8ms,时延抖动指标为实际路由时延与开通时的时延差在 10% 以内,时延与网络负载无关。

③ 三星级:时延指标为 1000km 端到端开通时延小于 8ms,时延抖动指标不承诺,与网络流量强相关。

④ 普通级:时延指标、抖动指标均不承诺,尽力而为。

(5)业务开通时间。

业务开通时间是指从客户签订协议开始到运营商最终交付电路的时间。这个指标与前面四个指标不同,不是评价业务质量的指标,而是评价运营商整体网络能力和服务能力的综合指标。目前客户对于该指标已经非常关注,随着互联网提供商的进入与竞争,各运营商也在通过多种技术手段以加快开通速度。

根据竞争力、用户感知差异化,可以考虑将业务开通时间定义为四个级别,从而提供差异化服务。

① 五星级：业务开通时间为分钟级。

② 四星级：业务开通时间为天级。

③ 三星级：业务开通时间为周级。

④ 普通级：业务开通时间为月级。

（6）租户自管理能力。

智能管理和控制系统支持对专线业务重要 KPI 指标的控制及监控。在业务发放时针对重要属性可制定差异化策略，以满足不同层次租户的诉求，如根据最短时延或者时延区间策略保障业务 SLA。对于业务也能够进行差异性监控，确保重要业务得到重点监控。

为了满足专线租户临时的带宽需求，客户按需付费，同时节省运营商带宽资源，达到资源分时共享的目的，可以考虑将客户自管理能力定义为四个级别，从而提供差异化服务。

① 五星级：重要专线品质指标可视，无损配置修改。

② 四星级：重要专线品质指标可视，有损配置修改。

③ 三星级：重要专线品质指标可视，不可配置修改。

④ 普通级：专线指标不可视，不可配置修改。

3．专线业务自动化特性介绍

对于传统专线业务开通，末端 CPE 安装上线，专线业务运行过程中带宽变更等处理流程，基本是依赖服务厅业务办理、人工处理等方式，导致整个专线业务开通时间长，带宽变更流程复杂，用户体验差。全光自动驾驶网络从专线业务时延诉求、海量末端 CPE 安装部署、专线带宽灵活调整和专线端到端运营等关键维度，构建了专线业务自动化能力，实现专线时延可视、CPE 即插即用、带宽在线调整和专线电商化开通运营。

1）专线运营自动化

为满足专线业务 SLA 的高标准定义，给高端客户提供精品业务服务，运营商针对专线打造自动化的运营流程：打通 BSS/OSS 各子系统间自动接口，整合了设备厂商网络管理和控制系统的光业务自动发放、智慧运维能力，如图 4-34 所示。

用户只需要关注专线的应用层需求，方便快捷地设定业务源/宿地址、用户设备端口类型、专线带宽和保护、时延等级要求，运营商的流程中将自动完成业务地址→GIS 经纬度→附近光网元的转换和查找，并根据相关 SLA 要求匹配专线套餐、CPE 型号，

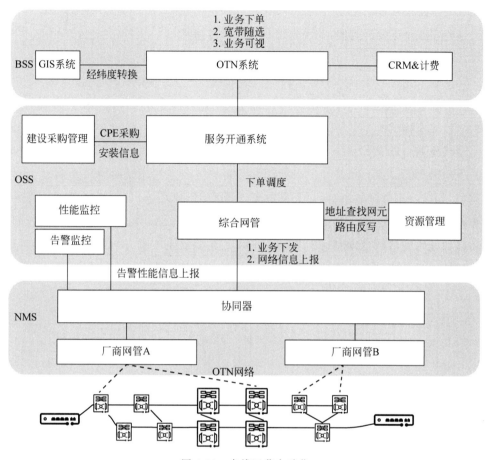

图 4-34　专线运营自动化

调用厂商网络管理和控制系统的北向接口,下发专线开通指示。

厂商网络管理和控制系统实时获取网络资源状态,自动计算满足时延和保护要求的路径,为这条专线分配资源,创建业务对应的服务层路径或重用现有的服务层路径,并端到端创建连接,完成分钟级的快速发放。发放之后,管理和控制系统实时监控和上报业务的状态、性能、告警信息,供 BSS/OSS 呈现和定向运维使用。

专线运营自动化整体实现了如下应用。

(1)专线产品货架式销售,电商化业务订购,线上 Portal 自助下单,GIS 地图 AZ 端选址。

(2)业务可视:"物流化"体验,开通进度 Portal 可视,透明可追踪;业务状态和关键指标实时可视。

（3）自助式带宽随选。

（4）重点业务告警监控，关键告警自动触发排障工单。

2）BOD

在专线应用过程中，碰到关键事件活动，如双十一、足球赛事、重要会议等，客户希望通过对专线业务的带宽进行临时调大的方式来保障流量增加，活动结束后恢复到原来的专线带宽模式。

专线运营自动化系统中，提供专线在线的带宽灵活调整模式，以实现带宽按需（Bandwidth On Demand，BOD）。BOD 包括临时将带宽在连续时间段内调整到目标带宽值，如从一小时到数小时，一天到数天，一个月到数月等，也包括周期性地将带宽在连续时间段内调整到目标带宽值，如每周、每月、每季度的某个时间段，其他时间段则恢复原来带宽值。运营商通过专线带宽调整界面提供丰富、灵活的带宽调整策略，以满足客户对带宽动态升降速的应用需求，如图 4-35 所示。

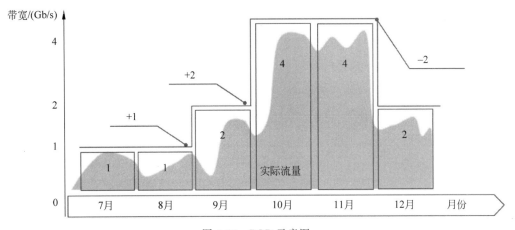

图 4-35　BOD 示意图

对于通过专线运营自动化系统开通的专线业务，客户可以根据业务流量在不同月份对带宽的诉求不同，合理定制对应专线带宽调整策略，实现专线带宽最佳性价比。举个例子，如图 4-35 所示，可以按照客户自身业务流量的变化，根据不同月份流量来调整专线带宽诉求，7 月和 8 月的专线带宽诉求为 1Gb/s，定制专线带宽为 1Gb/s；9 月份的专线带宽诉求为 2Gb/s，则定制专线带宽为 2Gb/s，10 月和 11 月的专线带宽诉求为 4Gb/s，则定制专线带宽为 4Gb/s 等。

3）时延地图

时延地图是基于网络链路和节点的时延测量数据的综合应用，以实现网络时延/

业务时延的可感知、可销售、可承诺和可保障。用户可通过时延地图直观地掌握站点信息,帮助用户进行业务规划,包括查询并导出全网时延、进行路由预计算等。如图 4-36 所示,时延地图主要包括以下功能。

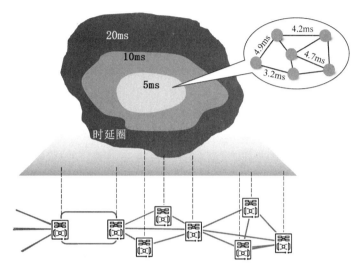

图 4-36　时延地图示意图

(1) 时延地图:基于网络拓扑显示站点间时延,支持指定源、宿点查询多条可用路径的时延和可用带宽,支持导出路径时延报表。当网络站点间时延变化时,拓扑时延数据会进行更新。

(2) 时延算路:业务发放时支持基于时延进行路径计算,支持最小时延策略算路,支持指定时延门限算路。

(3) 时延查看:在业务基本信息中,可以查看业务时延指标等信息(业务有保护的,可以查看工作路径和保护路径业务时延)。

(4) 时延运维:当业务实际时延超过设置的时延门限时,上报时延越限告警。

4) CPE 即插即用

CPE 即插即用是运营商专线自动运营过程中快速打造高品质专线的一把钥匙,在 CPE 设备和 CO 设备光纤连接成功后,实现 CPE 设备免配置软调自动上线,预置专线业务自动开通。

用户驻地设备(Customer Premises Equipment,CPE)通常安装在专线用户机房,与运营商 CO(Central Office)机房的汇聚设备对接。CPE 即插即用,是指在 CPE 设备和 CO 设备光纤连接成功后,实现 CPE 设备免配置软调自动上线,自动将预发放 OTN

业务扩展为完整的 CPE-CPE 端到端业务,基于 Y.1564 自动测试完成业务流量、时延、丢包、抖动等性能指标的测试,实现 OTN 业务快速发放,并自动将测试报告发给专线运营自动开通系统,最终完成专线自动化开通。

实现 CPE 设备家宽式部署,业务开通全程自动化,平均每专线开通时间可节省 3～5 天,交付效率提升 60%,节省人力成本 30%。

4.4.2　云网业务自动化

1. 云网业务面临的挑战

随着国家新基建战略的推进,云计算进入普惠发展期,政务、金融、交通、物流、教育、娱乐等行业将本身的生产系统、核心系统逐步搬迁上云,实现快速发展。此外,新冠肺炎疫情的出现,远程办公、在线教育等服务的普及,进一步加速了企业上云的进程。企业云化是一个巨大的市场,同时也是一个渐进的过程,中国信通院发布的云计算发展白皮书(2020 年)报告显示,2020 年中国私有云市场规模较 2019 年增长 22.6%,预计未来几年将保持稳定增长。根据 IDC 研究报告预测,到 2025 年,无论是大中型企业还是小微企业,都会连接上云,而且高达 85% 的企业应用会部署在云上。

随着云计算相关技术的积累和发展,为了更好地支撑行业各类应用系统上云,国内运营商都开始了传统电信网络的云化转型,旨在构建电信云服务环境,来承载电信级的业务。据调研统计,目前运营商提供的云服务,除了 IT 云和电信云之外,还针对行业客户提供专属、定制的政企云和托管类的服务。运营商的政企云主要面向政府、金融以及大中型企业和行业客户,提供高品质的云服务,如图 4-37 所示。

高端行业客户对入云的高可靠性、安全隔离、低时延、便捷性和灵活提供等指标都提出了很高的要求。运营商为了更好地满足政企市场云化需求,云网业务自动化成为企业入云差异化服务的必然趋势。云网业务自动化不仅仅是技术层面的革新,更需要在业务形态、商业模式、服务模式等更多层面展开融合与创新,赋能千行百业,为行业和社会提供数字化应用及解决方案。

2. 云网业务自动化目标

为了满足云网融合业务的发展要求,提升用户体验,迎合未来变化趋势,运营商提供的云网业务套餐需要从安全度、可靠度、感知度、响应度以及便捷度多个维度构筑差异化服务品质。

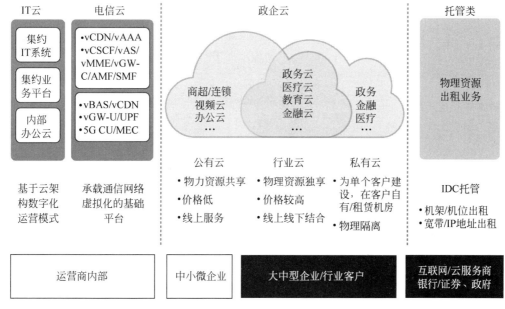

图 4-37　云网业务示意图

党政军、金融、医疗、大企业等高端行业用户,其总分型的组网业务当前已经采用运营商精品 OTN 组网专线承载,而在逐步云化的时代,此类租户希望运营商能够继续提供云网一体化的精品服务。区别于其他入云承载技术,品质专线最大的特征就是将高端行业用户的业务从用户机房通过光传输网一跳送达云池,从而可以为高端行业用户提供低时延、低抖动、低丢包、高带宽、高可靠、高安全和高可用的确定性入云承载,而其 SDN 化的能力又可以为行业用户提供敏捷、定制化的云网自动化业务服务,包括如下内容。

(1) 云网业务一体化订购开通。

(2) 云网 SLA 实时可视。

(3) 云网资源弹性可调。

(4) 云网服务可定制。

3. 云网业务自动化特性介绍

为实现云网业务统一发放与统一运维,为政企行业客户提供云网业务一站式订购和一体化自助服务,需要云网协同的解决方案架构,包括云网协同层负责对客户业务命令解析并分发给传送网管理和控制系统和云管平台。传送网管理和控制系统完成网络侧资源配置,实现专线业务快速打通和专线自助运维。云管平台完成云侧资源配置和自动运维,如图 4-38 所示。

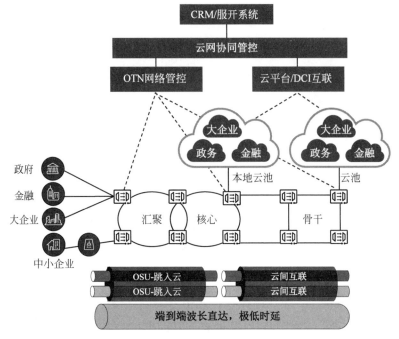

图 4-38　云网协同的解决方案架构图

基于云网协同架构的云网业务自动化特性具体如下所述。

(1)云网业务一体化订购开通:是指当用户订单到达时,可以通过云网协同管控平台,实现专线业务从客户定制到 OTN 网络配置、云网服务的一站式开通,如用户同时订购云上虚拟主机和入云专线。具体的实现过程是服务开通系统接收到云网产品业务订单,经过系统流程处理后,将云网产品中入云专线的源宿端信息、专线带宽、专线时延以及业务 VLAN 标识,转换为网络和云池系统管理的网络拓扑和资源标识后,发给云网协同管理和控制系统。云网协同管理和控制系统根据 OTN 网络和云池信息,分别将入云专线的源宿网元、VLAN 标识、带宽和时延等请求信息发给 OTN 网络管理和控制系统,将云池的 VLAN、计算、存储和网络等请求信息发给云平台。OTN管理和控制系统完成 OTN 网络上 OTN 管道打通,云平台完成云池内部专线交换机,以及计算、存储和网络资源的配置,实现端到端云网产品的开通。

(2)云网 SLA 实时可视:是指政府、金融等行业大客户存在云网业务可视可管的需求,云网协同管理和控制系统可以为客户提供自管理服务,满足大客户专网自主运营的需求。运营商可提供租户视图或开放网络接口,以租户视角提供专线 SLA(时延、可用率)监控保障的能力。

(3)云网资源弹性可调:网络侧基于 OSU 的灵活业务管道,解决了小颗粒接入的问题。OSU 技术支持 2Mb/s 颗粒的无损带宽调整,OSU 和 OTN 技术相互结合,可以实现端到端路径的带宽均可调,覆盖带宽接入范围 2Mb/s～100Gb/s。管理和控制系统可以基于客户请求/预约或业务监测结果,对专线业务的带宽进行调整,以适应业务接入速率的变化,实现带宽的无损调整。

(4)云网定制化的增值服务:云网协同管理和控制系统可以为云网用户提供主动保障报告(主动上报影响云网业务的网络故障,生成故障影响分析报告、故障排障报告等)、分析推送报告(用户可定制 SLA 等云网业务运行分析报告,对云网业务的时延、可用率、流量使用状况等进行测量分析,给出云网业务优化建议)、定制化运营报告(用户可周期性地定制运营报告,对云网业务的运行状况、维护状况、SLA 分析报告等定期地给出运营报告)等增值服务。

4.4.3　家庭宽带业务自动化

家庭宽带接入已经成为普通家庭的刚需,百兆甚至千兆宽带业务也越来越普及。传统的铜线由于受介质传输能力和干扰等因素的影响,难以满足人们日益增长的业务需求,所以光纤接入已经成为运营商发展家庭宽带业务的普遍选择。

由于家庭宽带面向的是普通大众,所以网络用户规模小的也有几十万,大的网络规模有几百万,甚至上千万。在这样巨大网络规模的情况下,每天都有成千上万个用户的业务开户销户或者业务变迁,而且一个业务的配置涉及 ONT、OLT、交换机、BRAS/AAA 以及内容源(视频、IPTV)等端到端的多个环节,传统的基于手工的业务配置无法在效率上和可靠性上满足业务发展的需求。

规范化、自动化和智能化的网络运维能力,才能提高业务发放和运维效率,才能解决运营商关键诉求,满足业务发展的需求。

家庭宽带业务的自动化、智能化运维主要包括以下三部分。

(1)统一的、规范化的资源规划,包括网络资源、设备资源、VLAN 资源、账号等信息。

(2)全自动的业务发放流程,包括 IT 系统配置、施工管理等。

(3)智能化的运维流程和 IT 系统支撑,包括故障监控、主动运维和优化等。

下面就家庭宽带典型的 OLT 上家庭宽带业务资源规划和 OLT 上全自动业务配置进行简单介绍。

1. OLT上家庭宽带业务资源规划

由于家庭宽带业务是海量用户的业务,运营商针对消费者的需求划分了几种业务套餐来销售,如高端千兆宽带业务、中端200M宽带业务、低端50M或者20M宽带业务,再组合语音、组播、OTT视频等组成业务套餐组合。

这些典型的业务套餐需求,在OLT上建立对应的业务套餐配置模板。在业务套餐模板中定义相关的认证方式、VLAN资源和切换模式、QoS策略、xPON模板等。在业务发放时,直接根据业务套餐需求描述关联对应的业务套餐模板,简化配置,甚至基于意图自动实现业务配置,如图4-39所示。

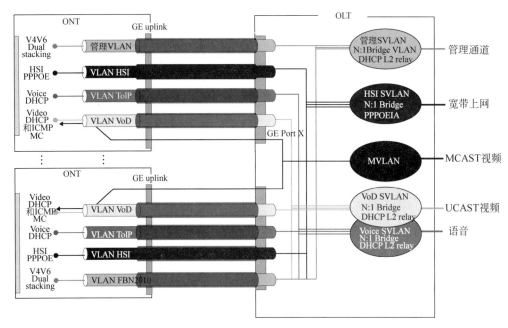

图 4-39　业务套餐模板示意图

2. OLT上全自动业务配置

FTTH端到端自动业务发放流程如图4-40所示。

(1) 为什么叫"自动"业务发放?

在一个正常的自动业务开通流程中,仅仅有两个环节需要人工干预。

① 受理业务申请。

② 外线人员上门安装(包括跳纤、输入ONT的认证码、完工回单)。

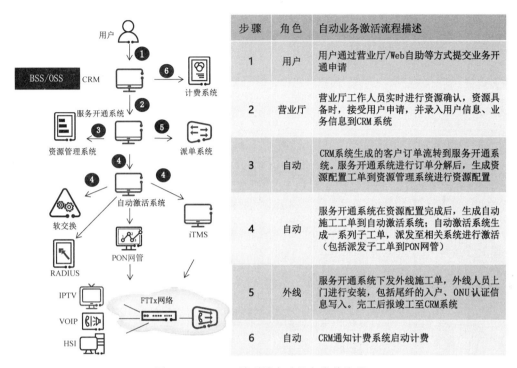

步骤	角色	自动业务激活流程描述
1	用户	用户通过营业厅/Web自助等方式提交业务开通申请
2	营业厅	营业厅工作人员实时进行资源确认，资源具备时，接受用户申请，并录入用户信息、业务信息到CRM系统
3	自动	CRM系统生成的客户订单流转到服务开通系统。服务开通系统进行订单分解后，生成资源配置工单到资源管理系统进行资源配置
4	自动	服务开通系统在资源配置完成后，生成自动施工工单到自动激活系统；自动激活系统生成一系列子工单，派发至相关系统进行激活（包括派发子工单到PON网管）
5	外线	服务开通系统下发外线施工单，外线人员上门进行安装，包括尾纤的入户、ONU认证信息写入。完工后报竣工至CRM系统
6	自动	CRM通知计费系统启动计费

图 4-40　FTTH 端到端自动业务发放流程

（2）开通 IT 系统业务配置流程。

服务开通系统在资源配置完成后，生成自动施工工单到自动激活系统；自动激活系统生成一系列子工单，派发至相关系统进行激活。

① 派发子工单至 PON 设备网管，如果是新分配的 ONU 设备，需先进行 ONU 配置，再进行 ONU 设备端口激活和带宽配置。

② 派发子工单至软交换，如果 ONU 首次开通语音业务，先增加语音设备，再增加语音用户。

③ 派发子工单至 SHLR，配置语音用户鉴权。

④ 派发子工单至 AAA 认证计费系统，配置账号和业务信息。

⑤ 派发子工单至 BRAS/SR，配置端口绑定上网业务带宽模板。

⑥ 派发子工单至 IPTV 业务平台，配置用户业务信息，包括：IPTV 账号、初始密码、订购节目信息、计费信息等。

（3）OLT 上全自动业务配置大致分为三个演进阶段。

① 基于原子接口实现业务配置。如图 4-41 所示，厂商 EMS 把 OLT 业务开通过

程涉及的所有资源对象的详细配置接口开放给 OSS,如增加 ONT、配置 PON 线路、配置上行 ETH 端口及 QoS 策略等。虽然相比原始的 MIB/CLI/NetConf 接口已经简化了不少,但还是比较复杂,暴露细节较多。厂商 EMS 同时做了一些命令缓存、并发调度、数据关联校验、厂商差异适配等处理,大大提高了业务发放的效率和通用性。在中国区曾经达到最大 5 万用户/天的业务发放记录,成功率 99.9%以上。

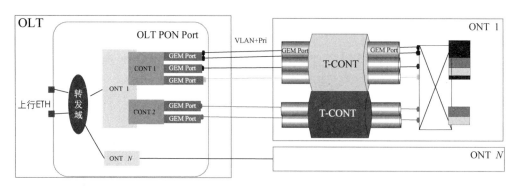

图 4-41　原子接口示意图

②　基于业务的接口实现业务配置。如图 4-42 所示,基于第一阶段的面向资源的接口,业务发放演进第二阶段实现了面向业务的接口。在原始资源接口基础上封装面向业务的接口,大大简化了业务发放的过程;原来一个业务需要调用 3～5 个接口,下发几十个参数,现在简化为一个接口、七八个参数就可以完成一个业务发放。业务发放效率提升,复杂度简化,运营商不需要关注实现细节,可以实现意图驱动业务配置。

③　基于 ZTP 的业务发放。以上两个业务发放阶段都需要运营商感知用户接入的实际位置(即 PON 端口),再进行业务配置。这样容易出现用户实际接入位置和业务配置端口不一致的情况,导致业务不通,排查起来费时费力;也不支持用户自助漫游场景。欧洲一些发达国家(如某运营商),大部分光纤基础设施已经 Ready(光纤已经铺到消费者门口或者房间里)的前提下,通过消费者网站自助申请,运营商邮寄光猫给消费者的方式,实现了 FTTH 无接触式业务发放;减少了工程师上门服务,从而节省了

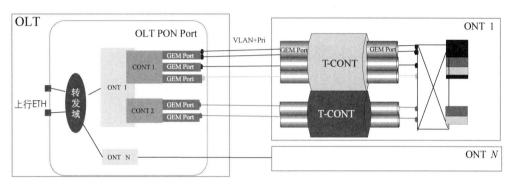

图 4-42 业务接口示意图

运营商的费用,同时也缩短了最终用户获取到接入业务的时间。不同运营商的业务开通系统并不完全相同,此处仅以某一个运营商的 ONT 即插即用流程为例,介绍主要的实现流程,如图 4-43 所示。

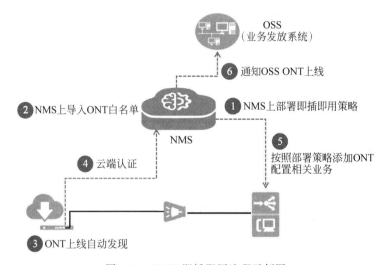

图 4-43 ONT 即插即用流程示例图

从图 4-43 中也可以看到,ONT 的即插即用流程主要实现如下流程的自动化。

① NMS 上部署即插即用策略。

② NMS 上导入 ONT 白名单。

③ ONT 上线自动发现。

④ ONT 云端认证。

⑤ 按照部署策略添加 ONT 配置相关业务。

⑥ 通知 OSS ONT 上线。

用户携带 ONT 搬迁也是一个常见的场景。通常情况下,即使用户提前提交了搬迁申请,运营商也不能及时进行配置变更,而要等到用户搬迁完成后才能进行迁移接入配置。传统搬迁过程相当于拆机和新装两套业务流程的叠加,用户的等待时间长。

利用接入控制器集中存储的 ONT 和用户套餐的信息绑定,也可以自动完成用户搬迁的连接实时重建工作,如图 4-44 所示。

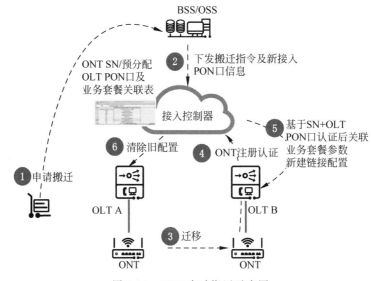

图 4-44　ONT 自动搬迁示意图

4.5　云化部署场景

为了实现数字化和智能化的网络,真正把"智慧"引入光网络,在光网络的"规、建、维、优、营"生命周期内实现各种自动化闭环自治,这会是一个比传统的人工管理网络更加复杂、智能化的系统,我们需要一个更高计算能力、存储能力和网络带宽的系统;面向网络集约化、降低维护成本和提高运维效率的强烈诉求,我们需要一个可以弹性伸缩的系统;面对智能化时代到来,通信网络在国计民生中的地位越来越重要的现实,我们需要一个更加可靠、可依赖的系统;同时,为了和网络的应用环境相融合,提供面向未来的各类智能化的应用,充分释放网络能力,我们需要一个开放、易于集成的系统。与这些需求相匹配,我们需要基于当前流行的云化架构来部署全光自动驾驶网络系统。这些需求都是传统的基于单台服务器的集中式体系架构难以满足的。

与这些需求相匹配,我们需要基于当前最新的云化架构来构筑全光自动驾驶网络系统,如图 4-45 所示。

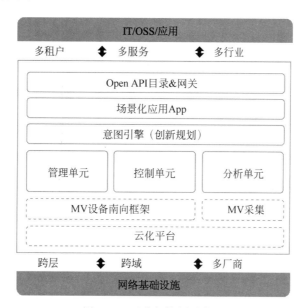

图 4-45　云化架构图示意图

通过统一的云化平台,提供基于云化的微服务化架构,可以有效地屏蔽下层网络基础设施的硬件差异,提供高性能、可弹性伸缩、高可靠的基础能力;基于虚拟化技术,可以支持灵活匹配物理机、私有云等基础设施架构,有效降低 CAPEX。

4.5.1　云化部署的关键价值

云化部署的全光自动驾驶网络可提供以下关键价值。

（1）基于云化架构可提供按需分配资源和弹性扩容的能力。

随着业务需求持续增长，运营商网络节点数量和连接规模不断扩大，基于传统单机或分布式架构的网管系统往往难以适应此类变化，一旦超过了现有管理能力的极限后，需要快速升级为性能更强的服务器作为运行载体，重新安装网管后再进行数据迁移，既费时又费力。

基于云化架构的 NMS，当遇到管理性能瓶颈制约，可增加部署新的物理机或虚拟机节点，提供额外的微服务实例，再用多个服务负载均衡的方式不断获得更大的管理能力。

对于全光自动驾驶网络，在与运营商联合创新、不断增加新的能力的场景之下，可通过增加部署节点，获得更多的系统资源，用于运行提供新能力的微服务。

（2）基于云化架构可提供更高的可用性和故障恢复能力。

NMS 由多个微服务构成，关键服务均有本地冗余，即包括两个或更多数量的微服务实例。当发生物理机硬件、操作系统、数据库或者微服务异常损坏时，仍然可以通过其他节点上的同类型微服务继续提供服务，这无疑大大提高了系统的可用性和可靠性水平。

（3）基于云化架构可降低业务复杂度，提升敏捷性。

微服务架构要求业务功能进一步拆分，单个服务提供稳定的接口。

微服务架构的业务，可方便地按特性发布。

云化平台全面提供微服务生命周期管理、服务注册、服务绑定等能力。

基于上述能力和要求，增加新的功能时对已有功能的影响是可预期的，引入新的功能时可避免当使用传统软件架构时需要全量测试原有功能的巨大的时间和人力成本。

（4）基于云化架构可提供持续交付流水线，实现高效的版本发布和管理。

传统的应用交付模式，软件的构建需要经过代码提交、软件构建、部署验证、软件发布等多个环节，耗时通常长达数天或者数周。对于一个新的功能的交付，通常需要数周甚至数月的时间，十分不利于快速创新。

基于云化架构，可通过单个服务的持续交付流水线，包括代码提交、代码自动检查、编译、上传、内部测试直至发布到生产系统，时间可缩短到以小时来计算，这无疑可以大大提高开发效率，可有效支持快速创新。

4.5.2　云化部署的典型模式

在全光自动驾驶网络中,管理、控制和数据分析系统是实现诸多智能特性的关键部件,为了匹配用户的不同需求,支持如下两种典型的部署形态。

1. On-Premises 本地部署模式

On-Premises 本地部署是指软硬件一体,即建设时根据系统需求配套提供所有的硬件和软件,并同时完成软硬件的端到端配置。根据是否需要部署虚拟化平台,On-Premises 又分为物理机部署和虚拟机部署两种模式。其中,物理机部署是指在物理机中直接进行安装部署,而虚拟机部署是指在物理机虚拟出的虚拟机平台上进行安装部署,如图 4-46 所示。

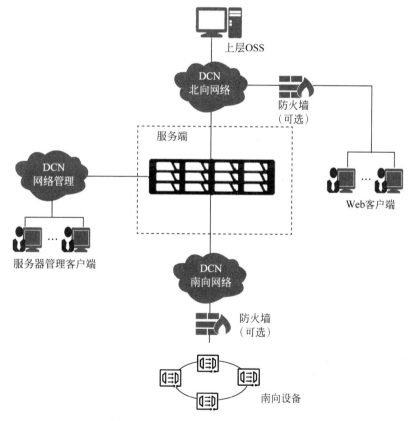

图 4-46　On-Premises 部署模式示意图

2. 私有云部署模式

私有云部署是指用户按系统的配置要求自行准备底层部署环境,建设系统时在用户提供的环境中安装操作系统和应用软件系统,如图 4-47 所示。

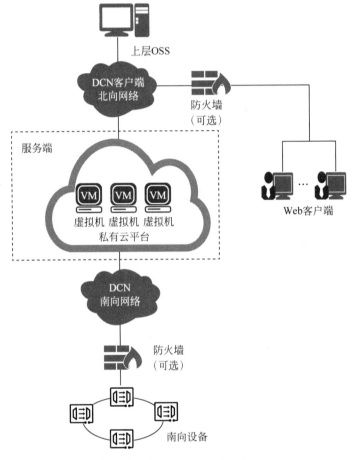

图 4-47 私有云部署模式示意图

上述两种部署模式各有优缺点,并没有好坏之分。有的运营商希望统一基础 IT 系统,降低日常维护难度和成本,希望使用私有云部署方式;有的运营商基于自身的组网架构和业务安全考虑,希望使用独立的 On-Premises 本地部署模式。在实际应用中,可根据不同运营商的使用环境和诉求综合考虑选择何种部署模式。

对于全光自动驾驶网络系统而言,应能灵活支持 On-Premises 本地部署方式和私有云部署方式。无论基于上述哪一种部署模式,通过采用云化微服务架构,都能够提供管理能力的弹性伸缩,以及新功能的快速开发和部署等能力。

第 5 章

全光自动驾驶网络关键技术

数字化转型对运营商网络及服务能力提出新的挑战。全光自动驾驶网络综合运用人工智能算法、大数据、算力、自动化协议等关键技术,使能新一代智慧全光组网解决方案,让网络规划更精准、部署更快捷、管控更简单、运维更高效。同时变被动响应为主动运维,进一步提升光网络的灵活性和可靠性。

5.1 AI 算法技术

算法是实现人工智能(Artificial Intelligence,AI)的基础。借助 AI 算法对海量数据进行特征提取,结合专家经验从已有的数据特征中建立模型,从而快速解决已知问题。在全光网络中引入 AI 技术,关键在于根据不同的场景选取合适的 AI 算法,并有针对性地加以改进和适配。常用的 AI 算法包括神经网络算法、时间序列预测算法、聚类算法、逻辑回归算法等。在不同场景下考虑到解决实际问题的需要,可组合使用上述各种典型算法。

5.1.1 AI 和机器学习

对于什么是智能,业界仍然存在争议。目前智能研究的唯一对象还是人类,尽管人类对自身智能的认知历史很长,从哲学、科学角度都进行了探索,但所知有限,无论对智能是如何产生的,还是对构成智能的各种要素都知之甚少。

人工智能亦称智械、机器智能,其含义是由人制造出来的机器所表现出来的智能,即通过普通计算机程序来呈现人类智能的技术。计算机科学发展加快了 AI 领域研究的步伐,这些工作主要集中在寻求如何使计算机以更加智能化的方式运算。

AI 的核心问题是如何构建出能够与人这一智能体类似的推理、知识、规划、学习、交流、感知、移物、使用工具和操控机械的能力等,达到甚至远超人类的精准表现是 AI 领域发展的长远目标。

目前,弱人工智能已经取得初步成果,围绕影像识别、语言分析、棋类游戏等单方面的 AI 能力达到了超越人类的智能化水平。AI 的通用性意味着解决上述问题是一样的 AI 程序,无须重新开发算法即可直接使用现有的 AI 完成任务。达到具备思考能力的强人工智能还需要时间研究,比较流行的方法包括统计方法、计算智能和传统意义的 AI。

利用 AI 技术辅助和增强人类自身的智能,成为必然的方法和途径。已有大量的工具应用了人工智能,其中包括搜索、数学优化和逻辑推演。基于仿生学、认知心理学,以及基于概率论和经济学的算法等也在逐步探索当中。

AI 的发展呈现出一条从以"推理"为重点,到以"知识"为重点,再到以"学习"为重点的自然、清晰的脉络。作为 AI 研究分支之一,机器学习在近 30 年已发展成为一门多领域交叉学科,涉及概率论、统计学、逼近论、凸分析、计算复杂性理论等多门学科。机器学习理论主要是设计和分析一些让计算机可以自动"学习"的算法,并以此为手段解决人工智能中的问题。机器学习算法是一类从数据中自动分析获得规律,并利用规律对未知数据进行预测的算法。因为学习算法中涉及了大量的统计学知识,与推断统计学的联系尤为密切,机器学习理论也被称为统计学习理论。机器学习主要关注能够实现的、行之有效的学习算法,然而很多推论问题属于无程序可循的情况,此类研究集中在开发相对容易处理的近似算法。

机器学习可以分为以下类别。

1. 监督学习

监督学习是从给定的训练数据集中通过学习得到一个函数(或称为模型),当新的数据到来时可以根据此函数预测结果。监督学习的训练集要求包括输入和输出,也可以说是特征和目标。训练集中的目标是由人标注的,也就是说人通过数据将先验的知识表达出来,机器学习的内容就是人标注在数据集中的先验知识。监督学习过程分为训练过程和推理过程。

(1)训练过程:类似人类学习的过程,如图 5-1 所示,通过不断地对数据集进行迭代计算,调整函数(模型)的参数,使得到的模型能够更准确地描述数据集传递的先验知识。

(2)推理过程:类似人类工作的过程,如图 5-2 所示,通过模型对输入的数据进行计算,输出结果。在这个过程中,模型的参数不发生变化。

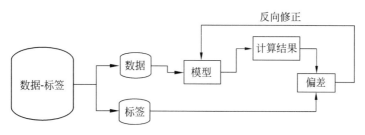

图 5-1　监督学习的训练过程

图 5-2　监督学习的推理过程

这种训练和推理分离的机器学习方式,也称为离线学习。与之相对的概念是在线学习,后者通过在线地进行训练和推理,具备更强的场景适应性和泛化能力。

2. 无监督学习

无监督学习与监督学习相比,训练集没有人为标注的结果。如图 5-3 所示,常见的无监督学习算法包括生成对抗网络(Generative Adversarial Network,GAN)和聚类。

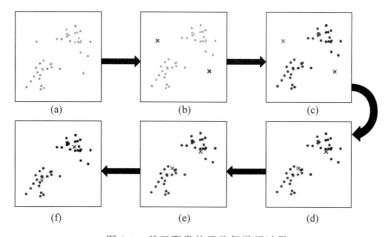

图 5-3　基于聚类的无监督学习过程

聚类算法是最简单的无监督学习方法,分为基于距离的聚类 k-means、基于密度的聚类 DBSCAN 等。这类算法的特点是不需要进行样本标注,通过距离或者密度的评价标准就可以将样本进行分类。

无监督学习方法一般用于数据的预处理分析,可以将大量数据进行初步的分类。一般对于相同的问题,无监督学习的效果不如监督学习。但在实际业务场景中,大量数据往往是没有标签的,因此进行聚类等无监督学习是非常有效的数据预处理手段。

3. 半监督学习

实际应用过程中,如果少量数据或者部分数据有标签,而其余的数据没有标签,那么此类场景适合使用半监督学习方法。

半监督学习介于监督学习与无监督学习之间,对于部分样本进行标注,而非全部数据都进行标注。

比如同一个问题有两个数据集,一个数据集有标签,另一个数据集没有标签。Label$=\{(x_i,y_i)\}$,Unlabeled$=\{(x_i)\}$,并且数量上 Label$\ll$Unlabeled。如果使用 Label 数据集,对应的是监督学习;如果仅使用 Unlabeled 数据集,则是无监督学习。

少量的有标签数据获得的决策边界往往不是真实的分类边界,因此通过加入无标签数据,将分类边界进行调整,可以更好地拟合实际的分布。

4. 主动学习

主动学习是解决部分数据标注问题的另外一种思路。

首先解释什么是样本信息。样本信息指在训练数据集中每个样本带给模型训练的信息。由于不同样本的样本信息是不同的,即每个样本对模型训练的贡献有大有小,它们之间存在差异。

因此,为了尽可能地减小训练集及标注成本,在机器学习领域中,提出主动学习(Active Learning)方法,优化分类模型。

在某些场景下有类标的数据比较稀少,而没有类标的数据相当丰富,对数据进行人工标注需要付出很大的代价。如图 5-4 所示,学习算法可以主动地提出一些标注请求,将一些经过筛选的数据提交给专家进行标注。

主动学习的模型为

$$A = (C, Q, S, L, U) \tag{5-1}$$

式中,C——一组或者一个分类器;L——用于训练已标注的样本;Q——查询函数,用于从未标注样本池 U 中查询信息量大的信息;S——督导者,可以为 U 中样本标注正

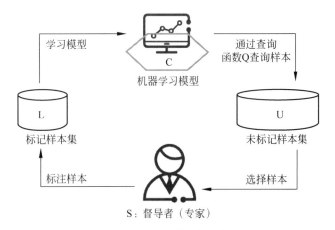

图 5-4　主动学习筛选数据的过程

确的标签。学习者通过少量初始标记样本 L 开始学习,通过一定的查询函数 Q 选择出一个或一批最有用的样本,并向督导者询问标签,然后利用获得的新知识来训练分类器和进行下一轮查询。主动学习是一个循环的过程,直至达到某一停止准则为止。

查询函数 Q 用于查询一个或一批最有用的样本。那么,什么类型的样本属于有用的样本呢? 或者说查询函数查询的是什么类型的样本呢? 在各种主动学习方法中,查询函数设计最常用的策略是不确定性准则(Uncertainty)和差异性准则(Diversity)。

对于不确定性,可以借助信息熵的概念加以理解。信息熵既可以衡量信息量,又可以衡量不确定性。信息熵越大,代表着不确定性越大,所包含的信息量也就越丰富。事实上,有些基于不确定性的主动学习查询函数使用了信息熵进行设计,如熵值装袋查询(Entropy Query-by-bagging)。所以,不确定性策略就是要想方设法地找出不确定性高的样本,因为这些样本所包含的丰富信息量,对我们训练模型来说就是有用的。

差异性又该如何理解呢? 前面提到查询函数每次迭代中查询一个或者一批样本。我们自然希望查询样本所提供的信息是全面的,各个样本包含的信息不重复、不冗余,即样本之间具有一定的差异性。在每一轮迭代抽取单个信息量最大的样本加入训练集的情况下,模型通过反复训练,以新获得的知识参与对样本不确定性的评估能够有效地避免数据冗余。如果每次迭代查询一批样本,那么需要采取措施保证样本之间的差异性,避免数据冗余。

部分观点认为主动学习也属于半监督学习的范畴,但实际上两者并不相同。半监督学习和直推学习(Transductive Learning)以及主动学习,都属于利用未标记数据的学习技术,然而它们的基本思想还是有区别的。常见的主动学习方法如下所述。

（1）基于不确定度缩减的方法。

这类方法选择那些当前基准分类器最不能确定其分类的样例进行标注。由于以信息熵作为衡量样例所含信息量大小的度量，而信息熵最大的样例对应着上述最不能确定其分类的样例。从几何角度分析，基于不确定度缩减的方法优先选择靠近分类边界的样例。

（2）基于版本缩减的方法。

这类方法选择那些训练后能够最大程度缩减版本空间的样例进行标注。在二值分类问题中，基于版本缩减方法所选择的样例总是差不多平分版本空间。

基于委员会投票选择（Query By Committee，QBC）算法从版本空间中随机选择若干假设构成一个委员会，然后选择委员会中的假设预测分歧最大的样例进行标注。采用 Bagging、AdaBoost 等分类器集成算法从版本空间中产生委员会，能够优化其构成。

（3）基于泛化误差缩减的方法。

这类方法试图选择那些能够使未来泛化误差最大程度减小的样例。对应过程为：首先选择一个损失函数用于估计未来错误率，然后将未标注样例集中的每一个样例都分别估计可能给基准分类器带来的误差缩减，选择估计值最大的那个样例进行标注。

该方法直接针对分类器性能的最终评价指标进行学习，所需计算量较大，同时损失函数的精度会对性能产生较为严重的影响。

5. 强化学习

强化学习是指机器为了达成目标，随着环境的变动，会逐步调整其行为，并评估每一个行为之后所得到的回馈是正向的还是负向的。传统机器学习与强化学习的对比如图 5-5 所示，强化学习原理示意图如图 5-6 所示。

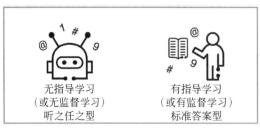

图 5-5　传统机器学习与强化学习的对比

强化学习的关键是抽象出合理的期望（Reward）函数。比如棋类游戏，可以通过胜

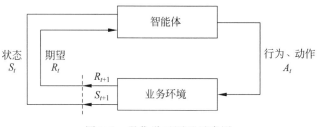

图 5-6　强化学习原理示意图

负概率作为期望函数。实际系统中,获得期望函数往往比较困难,很多决策难以快速给出反馈的结果。

5.1.2　机器学习的常见算法

下面介绍几种典型的 AI 算法。

(1) 神经网络算法:神经网络(Neural Network)算法是一类仿生学算法,其特点是构造了一组相互连接的人工神经元(节点),每个神经元能够响应多个输入。深度神经网络通过构造若干隐藏层,可以进行复杂的非线性拟合。该算法可广泛用于目标识别、自动分类、非线性预测等领域。

(2) 时间序列预测算法:也称为自回归移动平均模型(Autoregressive Integrated Moving Average Model,ARIMA)算法。ARIMA 属于传统 AI 类型的数据分析方法,通常被用在基于时间序列的平稳随机过程的数据预测。

(3) 聚类算法:聚类(Clustering)算法属于无监督的机器学习算法,可自动根据数据的相似度、相关性进行分组分类。该算法可用于实现模式识别(分类)、根因分析等领域。

(4) 逻辑回归算法:逻辑回归(Logistic Regression)是一种非线性回归模型,其特征数据可以是连续变量,也可以是分类变量或哑变量。逻辑回归属于机器学习方法,常用于估计某种事物的可能性。

在不同场景下,可能会组合使用上述各种算法,有针对性地解决具体实际问题。同时,在机器学习类算法中训练数据非常重要,成功的应用不仅仅依赖于算法本身,获取大数据也是关键因素。例如:为解决预测性问题,需要组合多种算法进行特征提取、异常数据处理、趋势拟合等适配处理,并且使用现网环境数据进行反复调整和验证,才能构建最佳应用。

在光网络中采用的 AI 算法,实现的关键在于根据不同的场景选取合适的算法,并针对性地进行改进和适配。

5.1.3 AI算法典型应用

在全光自动驾驶网络中,由于光层是专业性强、复杂度高的多参量系统,其运维问题成为主要难点之一。通过引入 AI 算法,可以提升光层运维自动化程度,如图 5-7 所示。

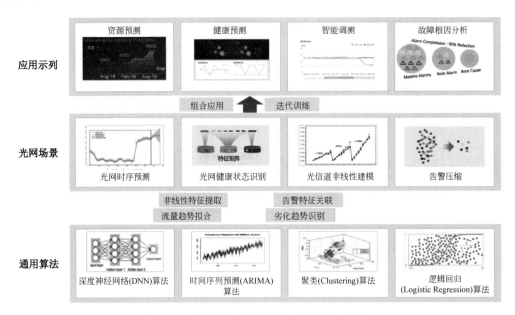

图 5-7　AI算法在光网络的应用场景和示例

(1)将回归和时间序列预测算法应用在光网时序预测场景,对波长、端口、单板等使用情况进行资源预测,根据预测提前规划时序等资源,面向新业务的发放需求实现资源快速开通。

(2)将时间序列算法应用在光网健康状态识别场景,对光层性能实时监视采集,对光性能数据进行健康预测,存在健康风险时进行主动预警。

(3)将聚类算法和逻辑回归算法应用在光网告警压缩场景,对海量告警进行压缩和根因分析,提升故障处理效率。

(4)将深度神经网络等算法应用在光信道非线性建模场景,通过对光层性能的建模分析与仿真预测,寻找最优的光层功率智能调测方式,使光路获得最理想的传输效果。

AI 技术在光网络中的应用仍处于探索当中,下面以故障智能预测类应用为例,探讨 AI 技术实现网络智能化的基本处理框架。如图 5-8 所示,在整个流程中算法、大数据和算力三要素相互配合,缺一不可。

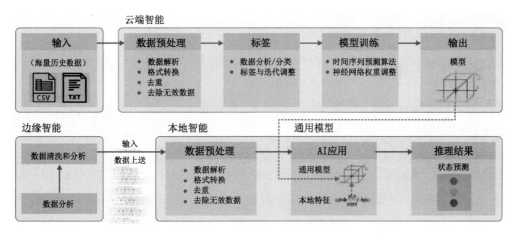

图 5-8　故障智能预测类应用示意图

涉及的关键过程如下所述。

(1)云端智能利用海量数据进行模型训练。

(2)边缘智能设备实现秒级数据采集和实时数据清洗及分析。

(3)本地智能应用进行数据特性提取,将数据导入通用模型或本地特征化的改进模型进行在线推理,得出状态预测结果,甚至给出处理建议。

应用到的关键算法包括时间序列预测算法、特征提取算法、逻辑回归算法、神经网络算法。

5.2　大数据技术

全光自动驾驶网络中,大数据技术是为了映射物理网络状态,建立光层数字孪生(Digital Twins)。通过物理网络不同类型的光电探针单元(Optical/Electrical Sensor),采集光功率、光信噪比(Optical Signal-to-Noise Ratio,OSNR)、误码率(Bit Error Rate,BER)、光谱、偏振态(State of Polarization,SOP)、偏振模色散(Polarization

Mode Dispersion，PMD)、偏振相关损耗(Polarization-Dependent Loss，PDL)等物理特征参数，从而获取实时监控数据。引入AI算法技术对这些数据进行训练和建模，可以更好地实现上层应用，提升网络自动化程度，节省运营成本。

为了支撑光网智慧运维的智能监控、智能预测以及智能保障，需要对大数据的产生、采集到最后的存储构建完整的流程。

5.2.1 光电 Sensor

光电 Sensor 指设备上的探测和采集装备，能够获取数字化的光网络物理层参数，支撑全光自动驾驶网络进行实时网络监控、高性能传输、自动部署和自愈自优。为了全面监控光网络，可从 4 个层次构建高精度的光网 Sensor 体系。

1. 光部件层 Sensor

单板和器件是网络的基础构成单元，光部件层 Sensor 用来监视各个器件的工作状态，基于状态数据可以分析判断器件是否正常，是否存在劣化、失效的风险。例如对于光模块需要实时监视激光器的状态，一般而言光模块的输出功率是稳定的，但是随着运行时间的增加，受老化因素的影响激光器发光效率会降低，需要不断增加偏置电流以维持稳定的功率输出，因此，可以通过监控激光器的偏置电流变化来分析光模块的使用寿命。光部件层 Sensor 主要监控器件工作状态的电流、电压、温度、功率、频偏等，对于控制类单板还需要监视 CPU、内存、Flash 的工作状态。

2. 光链路层 Sensor

光链路代表了光节点之间的物理连接，是传输质量监控的基本单元。在光传送网(OTN)中，光链路对应光传输段(OTS)和光复用段(OMS)，主要监控波分系统合波信号的状态。以光传输段为例，通过监视上游光放大器的输出功率和下游光放大器的输入功率，可以计算本段链路的光纤衰减。对光纤衰减进行长期监视，可以发现光纤是否劣化，及时做出调优或维修决策。如图 5-9 所示，为了全面掌握光链路的工作状态，光链路层 Sensor 还需要监视光放大器增益，用于评估光纤衰减是否得到精确补偿；监视在用波长，用于评估资源利用率；监视单波功率、OSNR，用于评估链路上波长之间的平坦度；监视光谱状态，用于评估滤波状态等。

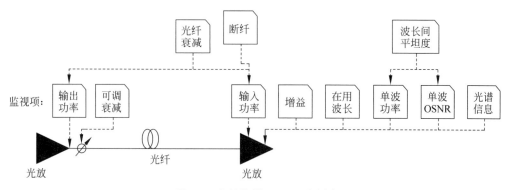

图 5-9　光链路层 Sensor 示意图

3. 光信道层 Sensor

光信道对应 OTN 网络中从发端光转换器单元(OTU)到收端 OTU 之间的单波传输通路,其收发两端 Sensor 可以监视光信道的端到端性能,包括光信道速率、调制码型、中心频率、频宽等基本信息,以及光信道的发送和接收光功率、OSNR、PMD、CD、SOP、BER 等。通过对收端性能(如 BER)的长期监视,可以分析光信道的余量状态和劣化趋势,用于及时进行性能调优,保障传输质量。如图 5-10 所示,光信道在中间传输过程中会经过一条或多条光链路,在光链路上监视光信道的状态信息,可以构建出全路径的实时性能分布,用于自动分析光信道的劣化根因和潜在风险,也可以用于调优仿真,即分析改变链路上的功率状态后,收端性能的变化结果。

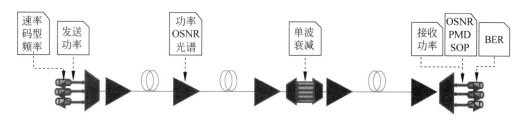

图 5-10　光信道层 Sensor 示意图

4. 光业务层 Sensor

光业务指光信道上承载的客户业务,为保障业务 SLA(Service Level Agreement),光业务层 Sensor 主要监视流量、丢包率、误码率、时延等。

5.2.2　大数据采集

全光自动驾驶网络具有自动部署、自愈自优的特点,依赖网络监控能力的实时性要求。面向大规模的组网应用,需要监视的参数多、数量大,更加离不开高效率的大数据采集技术。

如图 5-11 所示,传统的网络监控通过 Pull 模式(一问一答模式)轮询获取设备监控数据(如接口流量),限制了接入的网络节点数目。虽然 SNMP 中的 Trap 机制是采用 Push 模式(推送模式),能够在设备产生告警和出现异常事件时及时推送数据,但是这些数据仅限于描述告警或者异常事件的通知,并不支持对实时功率值、流量大小等状态信息的采集。此外,基于 SNMP 等传统网管工具的数据采集频率只能达到分钟级,难以精确反映网络的实际状态。

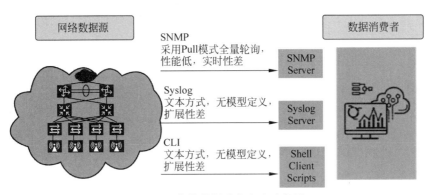

图 5-11　传统数据采集方式示意图

针对大规模、高性能网络的监控需求,Telemetry 数据采集技术应运而生,可根据网络各类功能平面的特点,提供不同的模型、编码、采集及传输协议,如表 5-1 所示。

表 5-1　新的网络数据采集框架

项　　目	控　制　面	管　理　面	转　发　面	外部数据
数据模型	YANG 自定义	MIB Syslog YANG 自定义	Template YANG 自定义	YANG
数据编码	GPB JSON XML Plain	GPB JSON XML	Plain	GPB JSON XML Plain

续表

项　　　　目	控　制　面	管　理　面	转　发　面	外 部 数 据
采集协议	gRPC NETCONF IPFIX Mirror	gRPC NETCONF	IPFIX Mirror	gRPC
传输协议	HTTP TCP UDP	HTTP TCP	UDP	HTTP TCP UDP

相比传统的数据采集模式,Telemetry 技术提供 Push 模式的海量数据上报,支持毫秒级上报周期,能够有效满足智能运维的目标。如表 5-2 所示,全光自动驾驶网络的控制器通过 Telemetry 采集光网络中光电 Sensor 的监控数据,运用 AI 算法对获取到的数据进行分析、呈现,从而完成对网络的主动监控和异常预测,实现全网智能运维。

表 5-2　传统模式的数据采集和 Telemetry 模式对比

采集技术	传 统 采 集	Telemetry 采集
采集方式	Pull 采集,每次数据采集都需要网管发起查询	Push 采集,网管一次订阅,网元持续推送数据
采集模式	集中式采集,数据统一汇总至主控后再上传网管	分布式采集,主控板、线卡直接向网管发送数据
采集位置	软件采集,依靠 CPU 采集数据,采集间隔长	硬件采集,硬件芯片直接采集并上报数据,实现毫秒级采集
数据模型	非结构化数据,信息处理效率低	结构化数据,存储传输效率高

1. 数据模型

Telemetry 的关键技术流程为根据 YANG 模型描述的结构组织采集原始数据,使用 GPB(Google Protocol Buffer)编码格式和 gRPC(Google Remote Procedure Call)协议在加密后的通道上对这些数据进行传输,从而实现原始数据采集、数据模型、编码类型、传输协议的融合。

YANG 模型是一种模块化语言,其核心是把任何对象都以树的方式进行描述。在 YANG 模型定义中,数据的层次结构被模型化为一棵树,树有 4 种节点(容器、列表、叶子列表、叶子),每个节点都有名称,要么有一个值,要么有一个子节点集。

```
YANG Example:
container system {
    container loqin {
        leaf message {
            type strinq;
            description
                "Message given at
                start of login session";
        }
    }
}
```

　　YANG 提供了对节点清晰简明的描述以及节点间的交互关系。YANG 数据层次结构包含了列表的定义,其中列表条目由关键字识别并加以区分。

```
YANG Example:
list user {
    key "name";
    config true;
    description "This is a list of users in the system.";
    leaf name {
        type string;
    }
    leaf type {
        type string;
    }
    leaf full - name{
        type string;
    }
}
```

　　上述列表可定义为由用户排序,也可定义为系统自动排序。YANG 对由用户排序的列表定义了执行列表条目顺序调整的操作,如下面这段 RFC 7223 定义的接口 YANG 模型所示。

```
+-- rw interfaces
|    +-- rw interface * [name]
|        +-- rw name                    string
|        +-- rw description?             string
|        +-- rw type                    identityref
|        +-- rw enabled?                boolean
```

```
|        +-- rw link - up - down - trap - enable?      enumeration
+-- ro interfaces - state
    +-- ro interface * [name]
        +-- ro name              string
        +-- ro type              identityref
        +-- ro admin - status     enumeration
        +-- ro oper - status      enumeration
```

2. 数据编码

XML(Extensible Markup Language)指可扩展标记语言,被设计用来传输和存储数据,是各种应用程序之间进行数据传输最常用的编码方式。XML 提供了一套跨平台、跨网络、跨应用程序的语言的描述方式。使用 XML 可以方便地实现数据交换、系统配置、内容管理等。

JSON(JavaScript Object Notation,JS 对象表示法)是一种轻量级的数据交换格式。它基于 ECMAScript 的一个子集,采用完全独立于编程语言的文本格式来存储和表示数据。简洁和清晰的层次结构使得 JSON 成为理想的数据交换语言,它易于人的阅读和编写,同时也易于机器解析和生成,并能有效地提升网络传输效率。

GPB(Google Protocol Buffers)编码格式是一种独立于语言和平台的可扩展、序列化结构的数据格式,用于通信协议、数据存储等。它的主要优点是解析效率高,传递相同信息所占字节小。GPB 的编解码效率是 JSON 的 2~5 倍,编码后数据的大小是 JSON 的 1/2~1/3,既保证了 Telemetry 的数据吞吐性能,同时也节省了 CPU 和带宽资源。和一般的输出格式 XML、JSON 相比,GPB 是二进制格式,可读性比较差,所以 GPB 主要用于机器解析,以便更高效进行传输。

GPB 编码解析前:

```
{
  1:"NODE - A"
  2:"s4"
  3:"ifm:ifm/interfaces/interface"
  4:46
  5:1515727243419
6:1515727243514
  7{
   1[{
    1: 1515727243419
```

```
  2{
   5{
     1[{
    5:1
     16:2
    25:"Eth－Trunk1"
      }]
      }
     }
  }]
  }
  8:1515727243419
  9:10000
  10:"OK"
  11:"CE6850HI"
  12:0
}
```

GPB 编码解析后：

```
{
   "node_id_str":"NODE－A",
   "subscription_id_str":"s4",
   "sensor_path":"ifm:ifm/interfaces/interface",
   "collection_id":46,
   "collection_start_time":"2018/1/12 11:20:43.419",
   "msg_timestamp":"2018/1/12
11:20:43.514",
   "data_gpb":{
     "row":[{
      "timestamp":"2018/1/12 11:20:
43.419",
     "content":{
       "interfaces":{
       "interface":[{
        "ifAdminStatus":1,
        "ifIndex":2,
        "ifName":"Eth－Trunk1"
        }]
        }
   }
     }]
   },
```

```
"collection_end_time":"2018/
  1/12 11:20:43.419",
  "current_period":10000,
  "except_desc":"OK",
  "product_name":"CE6850HI",
  "encoding":Encoding_GPB
}
```

3. 采集协议

gRPC 是一种高性能、开源和通用的 RPC 框架,面向移动应用和 HTTP2 设计,支持多语言,支持 SSL 加密通道。它本质上是提供了一个开放的编程框架,不同厂商都可以基于此框架,采用不同语言开发自己的服务器处理逻辑或客户端处理逻辑,从而缩短产品对接的开发周期。gRPC 协议栈分层如图 5-12 所示,各层的含义如表 5-3 所示。

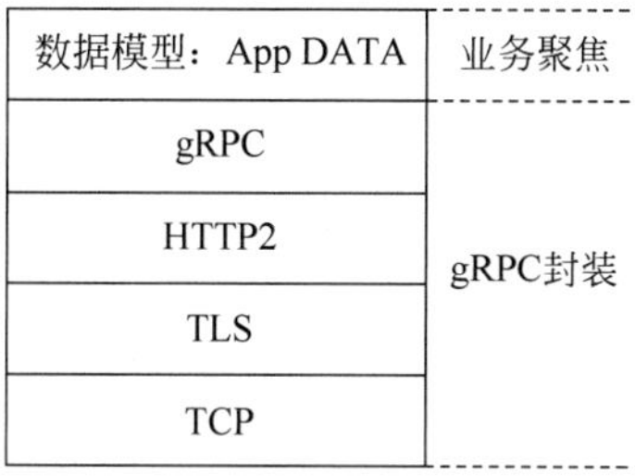

图 5-12　gRPC 协议栈分层示意图

表 5-3　gRPC 协议栈分层

层　　次	说　　明
TCP 层	底层通信协议,基于 TCP 连接
TLS 层	该层是可选的,基于 TLS 1.2 加密通道和双向证书认证等
HTTP2 层	gRPC 承载在 HTTP2 协议上,利用了 HTTP2 的双向流、流控、头部压缩、单连接上的多路复用请求等特性
gRPC 层	远程过程调用,定义了远程过程调用的协议交互格式
数据模型层	通信双方需要了解彼此的数据模型,才能正确交互

NETCONF(Network Configuration Protocol)是一种基于 XML 的网络管理协议,它提供了一种可编程的、对网络设备进行配置和管理的方法。NETCONF 协议采用基于 TCP 的 SSHv2 进行传送,以 RPC 的方式实现操作和控制。用户可以通过

NETCONF 协议设置参数、获取参数值、获取统计信息等。NETCONF 协议栈分层如图 5-13 所示,各层的含义如表 5-4 所示。

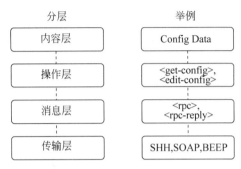

图 5-13　NETCONF 协议栈分层示意图

表 5-4　NETCONF 协议栈分层

层　　次	说　　明
内容层	内容层表示的是被管对象的集合,主要来自数据模型,采用 YANG 表示
操作层	四个层次中最核心的是操作层,主要包含查看配置、修改配置和会话加锁等操作,这些操作组成了 NETCONF 的基本能力
消息层	RPC 层主要作用是接收经过 NETCONF 传输层传递过来的 XML 格式的请求报文和回传响应报文,进行对应的解析和封装
传输层	传输层的主要作用是为 NETCONF 代理端和管理端的通信提供一个安全通道,给出 SSH、SOAP 和 BEEP 三种面向连接的通信传输协议,其中 SSH 是要求强制实现的协议

IPFIX(IP Flow Information Export)是由 IETF 公布的用于网络中流信息测量的标准协议,通过使用单一和一致的模型,简化了流输出架构,统一了流量监控标准。

随着 IPFIX 标准的广泛采用,网络管理员不用再担心如何支持多个流报告应用,每个应用都会拥有自己的流输出格式,IPFIX 让网络管理员可以使用一个符合该项标准的流报告应用程序。此外,IPFIX 的可扩展性使得网络管理员不必在传输流监测或报告需求发生变化时修改或升级设备配置。

4. 传输协议

与上述采集协议配套的传输协议主要有 TCP、UDP、HTTP 等标准协议,分别适用于不同的场景。例如管理面数据采集对传输可靠性要求较高,可以采用 TCP 传输;数据面对传输效率要求较高,可以采用 UDP 传输。

5.2.3　数据湖

数据湖汇聚全网各点、各层、各时期的数据,让海量的网络数据能够融合管理,融合分析。为解决网络中大规模的数据存储和访问难题,数据湖面临着多项技术挑战。一方面,多地域、多层次的网络数据容易形成孤岛效应,需要设置统一的存储资源池消除数据孤岛。另一方面,长周期的网络数据存储要求更高的存储利用率,支持弹性按需扩展,同时保证高可靠性。因此,数据湖技术在存储架构上需要满足如下特点。

(1)分布式架构:大数据存储采用分布式的架构,包括分布式管理集群、分布式哈希数据路由算法、分布式无状态集群和分布式智能 Cache 等,这种架构使得整个存储系统没有单点故障。

(2)高性能和高可靠性:大数据存储在所有磁盘中实现负载的均衡,数据打散存放,不会出现热点,采用高效的路由算法和分布式 Cache 技术以保证高性能及高可靠性要求。

(3)并行快速故障重建:数据分片在资源池内打散,硬盘故障后,可在全资源池范围内自动并行重建,重建效率高。

(4)易扩展和超大容量:大数据存储的分布式无状态集群可横向扩展,存储与计算分别按需平滑扩容,支持非烟囱式超大容量扩展。

数据湖的逻辑架构如图 5-14 所示,其部署时可采用分布式数据处理系统,提供企业级大数据存储、查询、分析的统一平台,实现海量规模数据信息的处理。通过对数据信息实时与非实时的分析挖掘,可发现全新价值点和企业商机。

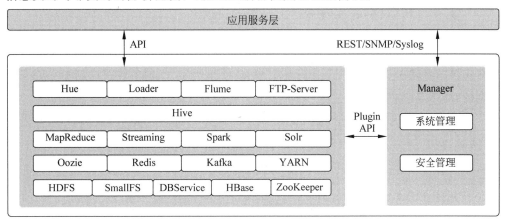

图 5-14　分布式数据湖架构图

分布式数据处理系统需要对开源组件进行封装和增强,对外提供稳定可靠的数据存储、查询和分析能力。不同组件提供的功能如下所述。

(1) Manager:作为管理者,为分布式数据处理系统提供高可靠、安全、容错、易用的集群管理能力,支持大规模集群的安装/升级/补丁、配置管理、监控管理、告警管理、用户管理、租户管理等。

(2) HDFS:Hadoop 分布式文件系统(Hadoop Distributed File System),提供高吞吐量的数据访问功能,适合大规模数据集的应用。

(3) ZooKeeper:提供分布式、高可用性的协调服务能力,帮助系统避免单点故障,从而建立可靠的应用程序。

(4) YARN:Hadoop 2.0 中的资源管理系统,它是一个通用的资源模块,可以为各类应用程序进行资源管理和调度。

(5) MapReduce:提供快速并行处理大量数据的能力,是一种分布式数据处理模式和执行环境。

(6) Spark:基于内存进行计算的分布式计算框架。

(7) Hive:建立在 Hadoop 基础上开源的数据仓库,提供类似 SQL 的 Hive QL 语言操作结构化数据存储服务和基本的数据分析服务。

(8) Kafka:一个分布式、分区、多副本的实时消息发布-订阅系统,提供可扩展、高吞吐、低延迟、高可靠的消息分发服务。

(9) DBService:一个具备高可靠性的传统关系型数据库,为 Hive、Hue、Spark 组件提供元数据存储服务。

5.2.4 大数据部署方案

在全光自动驾驶网络场景中,为了对网络数据进行正确、全面的感知和采集,获取网络物理状态的大数据,采用三级分层处理,构建从网元层、网络管控层到云端的完整数据链,如图 5-15 所示。

(1) 网元层:部署遍布全网的光 Sensor,获取数字化的光网络物理层参数,对光功率、BER、SOP 等性能直接测量。这类数据的特点是实时性强,信息量大,精度要求高,要求处理速度达到毫秒级。光 Sensor 与单板间采用高速总线,网元内实现毫秒级采样,并对采集的数据进行清洗、生命周期管理,支撑本地高速智能决策。

(2) 网络管控层:对网元的告警性能、拓扑与业务路径、光链路状态和网络参数等进行分析,采用高效实时的 Telemetry 数据采集协议,并借助高速 DCN 专用物理通

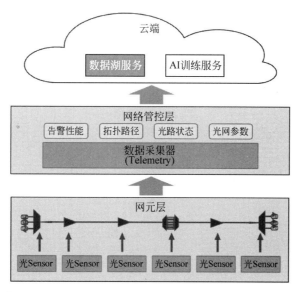

图 5-15　大数据技术部署示意图

道,实现从网元层到网络管控层的秒级数据采集,支撑集中化智能决策。

(3)云端:建立统一数据湖和统一数据标准,将海量部署的网络设备中积累的历史数据进行统一存储,作为模型训练的优质数据库。统一数据湖不仅能提供全量数据的完整生命周期管理,而且还能提供数据的分析、使能服务。

5.3　算力技术

算力是智能运维的基础能力,处理海量的网络数据离不开算力保障。AI技术从最初的通用 CPU 计算开始起步,到基于 GPU 计算获得较大发展,当前已经发展到使用专用 AI 芯片提供高性能算力的阶段。通过专用 AI 芯片,为大数据采集、存储、分析、训练、上报等使用,提供十分强大的算力服务。全光网络智能化的算力,需要在云端和本地设备合理部署,通过算力架构的协同,实现智能计算的实时性、有效性和精确性。

5.3.1　设备侧算力技术

全光自动驾驶网络对系统算力的要求体现在如下两个方面。

（1）相对于传统系统，海量待处理的原始检测数据以及愈加复杂的 AI 算法，都要求全光自动驾驶网络具有强大的计算能力。例如，神经网络 AI 算法本质上就是一系列复杂的数学计算过程。

（2）全光自动驾驶网络需要应对低时延、敏捷响应的场景，业务处理要求达到毫秒甚至微秒级别（例如业务倒换时），必须具备足够算力资源才能满足系统高实时性的基本要求。

全光自动驾驶网络将依托集成 AI 专用计算芯片、AI 平台、分布式系统等软硬件，打造设备侧算力。

1. 专用 AI 芯片

AI 应用对算力的要求与 AI 算法种类以及算法复杂度有关。对于神经网络类 AI 应用算法，本质就是典型的数学计算问题，如果使用通用 CPU 核处理效率低，不但难以满足计算性能要求，而且会耗费边缘网络设备中宝贵的 CPU 资源，导致正常的业务受到影响。

专用 AI 芯片一般用来加速 AI 应用，特别是基于神经网络的深度学习应用的硬件，其部署方式可以是独立芯片封装，也可以是集成在其他器件内的计算单元，或者是独立的模块。基于不同的应用场景，业界已经推出的边缘计算 AI 芯片包括英伟达（Nvidia）推出的 Jetson Nano TX1/TX2、谷歌（Google）推出的 Edge TPU、华为推出的昇腾 310/910 系列等。

以英伟达面向嵌入式场景的 Jetson Nano SOC 为例，内部除集成了 4 核 Cortex-A57（1.4G 64 位）之外，为提升 AI 计算能力，还集成了专用于神经网络计算的 128-core NVIDIA Maxwell CUDA CORE。其 CUDA CORE FP16 算力可以达到 472GFOPS。

2. 分布式计算

分布式系统是将多台单机联网协同工作，在单机能力基本不变的情况下，通过增加可用的单机系统数量，将单机系统的计算能力和存储能力得到数量级的提升。

对于全光自动驾驶网络架构中的边缘计算节点，虽然从网络架构上看属于单个节点,但是内部组成上并不都是单机系统,尤其是位于骨干网络边缘的节点设备,内部往往是由多个通过总线互联的插卡组成的复杂单元。可以将这些相互连接的插卡视为一个独立的小型分布式计算系统,统一管理系统内各个插卡上的计算资源,满足边缘计算节点对算力的具体要求。

如图 5-16 所示,整个机框上存在多个插槽,所有插槽的插卡通过以太总线相连接,多个机框再通过以太网线连接组成一个节点。

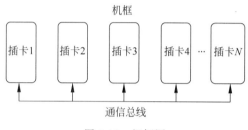

图 5-16　机框图

(1) 算力线性扩展。通过分布式管理系统将各个插卡上的计算资源(CPU、AI 芯片、DSP……)统一管理、集中分配,不仅可以充分利用现有设备的剩余算力,还可以通过增加专用计算插卡的方式让设备侧算力得到成倍提升,满足智能光网对算力的要求。

(2) 硬件特性和算法匹配。不同算法和场景的应用条件不同,导致算力需求迥异。神经网络算法计算量大,对数学计算能力提出严格要求;数据预处理算法需要频繁访问数据,更加关注内存以及 Cache 性能。训练场景下计算时间长、计算量大,对计算精度敏感(一般要求 FP32);推理场景下要求的计算精度和计算量降低,但是实时性要求要高。面对差异化的算力需求,只有将算法、场景和硬件特性进行严格匹配,才能最大限度地发挥硬件优势,实现综合性能最佳。

(3) 不同插卡上计算负载均衡。插卡上总的计算能力受限于硬件,对应一个固定值,但是满足固有特性之外的闲置计算资源仍处于动态变化过程中。通过实时监控和统计各个插卡上 CPU、内存、磁盘、通信带宽等硬件资源的实时变化数据,匹配 AI 算法的计算量以及插卡当前所能提供的空闲资源,可以将 AI 计算任务调度到对应的插卡上。

分布式系统计算任务调度既需要考虑算法特征/硬件特性的静态匹配,又需要支持资源实时变化和算法计算量的动态匹配,如图 5-17 所示。

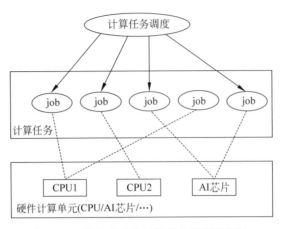

图 5-17 分布式系统计算任务调度示意图

5.3.2 云端算力技术

全光自动驾驶网络要求在云端和设备侧合理部署算力资源。设备侧以实时性要求高的数据分析和应用为主,需要部署高效计算并且低功耗的 AI 芯片及加速板卡。云端以高强度模型训练和在线推理为主,需要部署高计算密度的 AI 芯片。

云端模型训练涉及海量的训练数据、复杂的算法结构、迭代的学习过程等,推理优化也会涉及大批量数据处理或流式数据处理,因此需要采用一定规模的 AI 芯片集群来保障云端充裕的算力供给。另外,云端智能也可以通过软件即服务(Software as a Service,SaaS)方式提供 AI 应用,处理实时性要求不高的数据。

AI 芯片从技术架构上可以分为通用类芯片(CPU、GPU、FPGA)、基于 FPGA 的半定制化芯片、全定制化 ASIC 芯片等,如表 5-5 所示。

表 5-5 AI 芯片对比

芯片架构	算力	应用场景	优劣	开发特点
CPU(中央处理器)	低	数据处理,如数据格式转换、数据标注	并行算力差,难以满足深度学习要求	优化软件提升硬件效率
GPU(图形处理器)	中	云端训练、边缘训练、云端推理、工业终端推理	并行算力好,价格昂贵,功耗高,面积大,推理侧应用受限	
FPGA(现场可编程门阵列)	中	更适合根据特定算法进行本地化的定制推理	架构灵活,可根据算法适配,但总体算力一般	优化硬件释放算法潜力
ASIC(专用集成电路)	高	全场景	针对人工智能专门设计,性能功耗可以达到最佳,但后续算法若有变化,无法适配	

通用计算发展的步伐正逐渐放缓,以 2008 年为转折点,芯片的一个重要衡量指标性价比从(Performance/Dollar)之前的每年平均递增 48% 降低到了 10% 以下,已难以满足市场快速增长的算力需求。算力的突破从通用 CPU 转向了专用芯片,GPU 最早满足了海量并行计算的基本诉求,其特点如下所述。

(1) 计算结构适合并行处理(Parallelism)。

(2) 计算模式构建齐整规律(Regularity)。

(3) 不需要过多地访问内存(Locality)。

(4) 可用更低精度(Precision)等效替代。

GPU 具备高并行结构,且拥有更多的逻辑运算单元(Arithmetic Logic Unit,ALU),更适合对密集型数据进行并行处理,程序在 GPU 系统内的运行速度相较于单核 CPU 往往提升几十倍乃至上千倍。

然而 GPU 提供的算力资源更具通用性,并非 AI 专用算力。一方面,GPU 结构不是专门针对神经网络结构设计的,在 AI 计算时会浪费大量的无用面积(Dark Silicon)。另一方面,它尚不支持物理资源切区和真正的多租户,在提高云的利用率和实现真正的弹性方面没有太大灵活性。GPU 的驱动程序更像是一个黑匣子,最终用户缺乏主导权。因此,实现 AI 计算加速还需要更加专业化的芯片服务。TPU(Tensor Processing Unit)是一款用于云端的 AI 专用芯片,通过大规模脉动阵列结合大容量片上存储方式来高效加速深度神经网络中最为常见的卷积运算,架构相对简单。但 TPU 过于专用,云端芯片市场仍需要 GPU 作为其他场景用途的补充。

同时,不同的芯片架构各有擅长的计算模式与对性能功耗设计的权衡考虑,而具体任务的计算需求往往是混合的,因此面向全场景的异构计算问题也是当前 AI 算力技术研究的热点。

5.4　自动化协议技术

传统静态网络在业务发放、可靠性(光纤故障)和运维效率(依赖人工)上面临一系列的挑战。

(1) 传统网络运维效率低下,业务发放或调整时需要管理人员提前人工规划或优化路径,并通过网管逐个单站配置,开通时间长,且业务时延需经过大量人工计算和反复测试,人力投入大,成本高。

(2) 传统网络可以对抗单点失效和一次断纤事件,但无法应对并发多重故障场景,难以满足高价值业务可靠性需求。

自动化协议技术可有效解决上述问题,推动传统静态网络向自动化网络组织方向演进。光网络自动化协议主要包括南北向协议、自动化控制协议和自动部署协议。引入自动化协议技术可减轻网络维护管理压力,自动建立端到端路径,缩短业务配置时间,多处断纤故障后可自动恢复,提升业务可靠性,统一大网管理,降低运维成本。

5.4.1 北向协议

网络管理系统通过开放北向接口以供上层运营支撑系统(Operations Support System,OSS)调用,使得 OSS 能够实现在自身的网管系统上对厂家设备进行管理和控制。

就像手机充电口从原始仅支持充电功能的圆形接口发展到后来的 Mini USB 接口、Micro USB 接口,再到现在标配的 Type-C 接口,网络北向接口技术同样也在不断演进,经历了从 SNMP、CORBA、XML、TEXT、交易语言 1(Transaction Language 1,TL1)到 REST 的不同发展阶段。同一个 Type-C 接口充电器可以给各种品牌的手机充电,是因为手机制造商均是按照同一套标准设计充电口。类似地,北向接口也需要满足一定的协议标准,才能与各种各样的 OSS 和不同厂家的设备完成对接。

可见,网络北向接口设计标准化是为了实现全网一体化运维的目标,运营商的综合网管平台(即上层 OSS)需要把各厂家光网络设备网管的信息收集起来统一呈现,所以要求不同厂家设备的网管接口遵循规范的命令格式。不同运营商对北向接口标准的要求有所区别,设备商网管系统(如 NCE)的北向接口需要满足与上层 OSS 对接要求。

图 5-18 展示了网络北向接口的演进历程。从图中可以看出,电信管理论坛(Telecommunication Management Forum,TMF)推出的多技术操作系统接口(Multi-Technology Operations System Interface,MTOSI)2.0 距今已超过 10 年,其更新进展缓慢,同时无法兼容新的标准。2008 年后因特网工程任务组(Internet Engineering Task Force,IETF)在本领域发展迅猛,Netconf/Yang 的标准化契合 SDN 以及 OpenDaylight 产品化迅速得到推广和认可,成为新一代接口的事实标准。

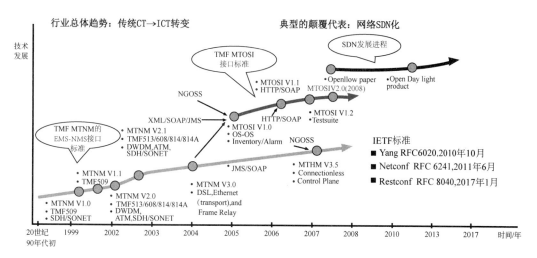

图 5-18　北向接口演进历程示意图

1. CORBA 接口

CORBA 是一个分布式的面向对象应用架构规范,是一种异构平台下的与语言无关的对象互操作模型。换句话说,CORBA 设计是独立于平台和语言的,因此它能够在任何平台上运行,定位于网络的任何地方,使用任何有接口定义语言(Interface Definition Language,IDL)映射的语言。它的核心是一套标准的语言、接口和协议,以支持异构分布应用程序间的互操作性及独立于平台和编程语言的对象重用。

如图 5-19 所示,CORBA 北向接口主要包括三部分:标准的 CORBA 名字服务、通知服务和 CORBA 代理(Agent),具体如下所述。

(1) CORBA 名字服务:为 OSS 正确地访问 NMS CORBA 接口提供了唯一的入口。在部署时,需保证被管理 NMS 的名字在 NMS 管理域内的唯一性。

(2) CORBA 通知服务:负责添加/删除事件监听,并接收告警/性能/通知。在 NMS 中配置数据发生变更时,能及时将详细的变更信息通知 OSS,保证 OSS 和 NMS 数据的一致性。

(3) CORBA 代理:负责将 NMS 的内部数据转化为符合国际标准的 CORBA 数据,以及将 OSS 请求信息转化为 NMS 系统内部交互信息,保证运营商能够按照标准进行对接,降低对接成本。

CORBA 接口功能如表 5-6 所示。

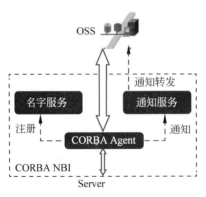

图 5-19　CORBA 关键组件

表 5-6　CORBA 接口功能

介　绍　项	说　　明
定位和使用场景	CORBA 接口在传送领域支持单站和端到端方式业务发放以及告警性能管理,IP 和接入领域仅支持基础物理存量和告警功能
接口协议	遵循的业务标准：TMF MTNM V3.5,TMF513/608/814 遵循的技术标准：OMG CORBA 2.6,IIOP 1.1 & IIOP 1.2,Naming Service 1.1,Notification Service 1.0
兼容、演进策略	已经集成的局点可继续演进,新集成局点不推荐

2．XML 接口

北向 XML 接口是遵循电信管理论坛(MTOSI)的开放接口。通过北向 XML 接口可以为各级网络管理系统提供统一的互联通道,有利于程序之间的交互。采用北向 XML 接口可以很好地适应网络管理综合化、跨域化的发展趋势。

XML 接口功能如表 5-7 所示。

表 5-7　XML 接口功能

介　绍　项	说　　明
定位和使用场景	XML 接口支持的功能和设备领域比较全面,多用于传送领域和 IP 领域的业务发放、告警上报、当前性能查询等运维场景
接口协议	遵循的业务标准：TMF MTOSI V2.0,TMF518/612/864 遵循的技术标准：SOAP 1.1,WSDL 1.1,JMS v1.1,HTTP(S)1.1
兼容、演进策略	已经集成的局点可继续演进,新集成局点不推荐

3. TEXT 接口

性能文本(TEXT)接口是典型的北向接口技术之一,主要用于生成北向性能文本文件,与上层 OSS 进行性能管理集成。TEXT 接口功能如表 5-8 所示。

表 5-8　TEXT 接口功能

介　绍　项	说　　　明
定位和使用场景	TEXT 接口支持传送、IP、接入领域的历史性能周期导出功能,由于历史性能数据量大,文本集成方式效率要远高于 CORBA、XML 接口的按需查询响应方式,所以历史性能推荐使用 TEXT 接口导出
接口协议	—
兼容、演进策略	新 NMS 性能文本北向接口兼容老 NMS 版本已经提供的性能文本接口功能,已经集成的局点可继续演进,新集成局点的历史性能集成推荐使用性能文本(FTP 性能)方式集成

4. REST 接口

当前,北向协议接口主流技术是 RESTful 接口。RESTful 可视为一种软件架构的设计风格,只是提供了一组设计原则和约束条件,而非严格意义上的标准。它主要用于客户端和服务器交互类的软件。基于该风格设计的软件,更为简洁和具有层次性,更易于实现缓存等机制。

北向 REST 接口使用的是基于微服务架构和 RESTful 架构风格的技术。微服务架构是一项在云中部署应用和服务的新技术,通过轻量级的 Web 服务对外提供能力,其特点是通过 JavaScript 对象表示法(JavaScript Object Notation,JSON)和另一种标记语言(Yet Another Multicolumn Layout,YAML)定义服务和数据结构,使用安全超文本传输协议(Hypertext Transfer Protocol Secure,HTTPS)、服务器推送事件(Server-Sent Event,SSE)、WebSocket 等协议传输数据,并通过 RESTful 风格来管理网管资源。

1) REST 接口发展背景

2000 年,加州大学欧文分校的罗伊·托马斯·菲尔丁在他的博士论文 *Architectural Styles and the Design of Network-based Software Architectures* 中首次描述了 REST 架构风格和设计思想。菲尔丁博士还是超文本传输协议(Hypertext Transfer Protocol,HTTP)和统一资源标识符(Uniform Resource Identifier,URI)等 Web 架构标准,以及 Apache HTTP 服务器的主要设计者。

REST 是为了使 Web 可以高效运转而创建的一种架构模型,是 Web 协议标准的指导框架。符合 REST 原则的 HTTP 方法称为 RESTful API。

2) REST 接口特点

REST 接口有如下特点。

(1) 以资源为基础,每个资源都可以通过 URI 访问。

(2) 对资源的操作包括查询、创建、修改和删除,对应 HTTP 协议的 GET/POST/PUT/DELETE 方法。

(3) 使用 XML/JSON/YAML 等作为传输报文格式。

REST 接口功能如表 5-9 所示。

表 5-9　REST 接口功能

介　绍　项	说　　明
定位和使用场景	REST 接口功能在逐步完善中,当前支持传送、IP、接入领域的组合业务的发放、资源管理、故障管理等功能
接口协议	参考的业务标准: IETF 遵循的技术标准: HTTP(S)1.1,json Service 1.0,YANG 1.0
兼容、演进策略	NMS REST 风格接口为新构筑的轻量级北向接口,新局点业务发放、故障管理、存量同步集成场景推荐使用

RESTCONF 是一种 RESTful 协议,提供 HTTP 上的编程接口,用于访问 YANG 定义的数据,使用的模型工具是 YANG 建模语言。在全光自动驾驶网络架构中,RESTCONF 作为北向协议接口实现 TSDN 控制器跟上层运营支撑系统的通信。

全光自动驾驶网络的北向接口基于设备、网络和业务三层模型,提供多种原子服务和场景驱动可编程平台,支持定制开发场景化的工作流,实现全自动或半自动化的意图设计、执行、优化流程,可满足对网络维护工作的简化需求。一般以 ACTN 接口作为标准,通过 RESTCONF/YANG 进行定义,并兼容既有的 RESTful 接口,能够快速地与 BSS/OSS 等上层应用系统集成,支持定制开发各类 App,加快业务创新和实现电商化运营。

RESTCONF 接口协议采用 HTTPS v1.1(RFC 2616)传输协议,端口号为 26335。

REST 从资源的角度来观察整个网络,分布在各处的资源由 URI(Uniform Resource Identifier)确定,而客户端的应用通过 URL(Uniform Resource Locator)来获取资源,如表 5-10 所示。

资源的 RESTful URL 采用以下模板:

```
https://ip:port/{prefix}/{service-name}/{version}/{rest-path}
```

表 5-10　RESTful URL 说明

组　　成	含　　义
ip：port	服务接口入口
prefix	前缀
service-name	服务名称
version	接口版本号，版本号使用"v+正整数"，从 v1 开始，接口发生不兼容变更时会更新版本号
rest-path	服务内资源路径

RESTCONF 在采用 JSON 编码格式时要求如下。

（1）请求/响应报文使用 JSON 报文（RFC4627）。

（2）媒体类型表示为 application/json。

（3）所有 API 均使用 UTF-8 编码。

（4）因通用 JSON 解析算法不保序，故报文中同一层级的字段前后顺序不保证不变。

RESTCONF 请求方法符合 REST 风格，对资源进行的操作必须符合 HTTPS 规范定义，如表 5-11 所示。

表 5-11　RESTCONF 请求方法和资源操作

请 求 方 法	资 源 操 作
POST	请求服务器新增资源或执行特殊操作
GET	请求服务器返回指定资源
PUT	请求服务器全量更新指定资源
DELETE	请求服务器删除指定资源
PATCH	请求服务器部分更新指定资源

5.4.2　南向协议

南向协议是控制器与设备之间的通信协议，完成控制器对设备控制指令下发和网络设备资源与状态实时上报。南向协议主要包括 NETCONF、OSPF、PCEP、OPENFLOW 等类型的协议接口。

1. NETCONF 协议

NETCONF 是为弥补简单网络管理协议（SNMP）和 Telnet 协议在网络配置方面的功能不足所设计的一种用于网络数据设备配置管理的协议。

NETCONF 协议提供了安装、操作和删除网络设备配置的机制，其采用了基于数据编码的可扩展标记语言配置数据以及协议信息，在自动化网络配置系统中 NETCONF 起着关键性的作用。

2. PCEP 协议

PCEP 协议用于实现对 TSDN 网元的集中控制。NMS 作为路径计算设备（Path Computation Equipment，PCE），TSDN 网元设备作为路径计算客户（Path Computation Client，PCC），两者之间采用 PCEP 协议通信，获取设备资源信息，提供集中算路服务，并维护链路状态。

3. gRPC 协议

gRPC 协议（google Remote Procedure Call Protocol）是谷歌发布的一个基于 HTTP2 协议承载的高性能、通用化 RPC 开源软件框架。通信双方都基于该框架进行二次开发，从而能够聚焦业务本身，而无须关注由 gRPC 软件框架实现的底层通信。

gRPC 支持 GPB（Google Protocol Buffer）编码格式。GPB 是一种与语言无关、与平台无关、扩展性好的序列化结构数据格式，主要用于通信协议、数据存储等，属于二进制编码，性能好、效率高。GPB 通过".proto"文件描述编码使用的字典，即数据结构描述。用户可以利用 Protoc 等工具软件（如 protoc-3.0.2-windows-x86_64.exe 文件）根据".proto"文件自动生成代码（如 Java 代码），然后用户基于自动生成的代码进行二次开发，从而实现与设备的对接。

gRPC 协议栈分层如表 5-3 所示。

4. SNMP 协议

SNMP 可以应用在上下层网管之间，也可以应用在设备与网管之间，如图 5-20 所示。SNMP 北向接口遵循 SNMP v1/v2c/v3 标准，向上层 OSS 提供统一的告警管理功能。

SNMP 接口功能如表 5-12 所示。

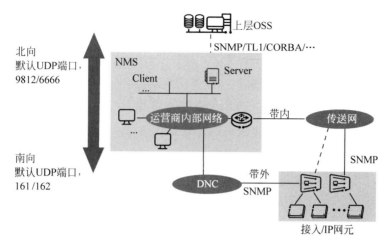

图 5-20　SNMP 接口的应用场景

表 5-12　SNMP 接口功能

介　绍　项	说　　明
定位和使用场景	SNMP 接口支持传送、IP、接入领域的告警上报和查询功能,但由于协议简单、功能单一,只有告警,无存量、发放等功能,且 SNMP 告警资源标识与 CORBA、XML 接口资源标识格式不一致,所以通常适用于仅要求集成告警功能的局点
接口协议	遵循的标准: SNMP v1/v2c/v3
兼容、演进策略	已经集成的局点可继续演进,新集成局点不推荐

5.4.3　自动化控制协议

目前,ASON 控制平面的主流技术是通用多协议标记交换(Generalized Multi-Protocol Label Switching,GMPLS)。作为在多协议标记交换(Multi-Protocol Label Switching,MPLS)基础上发展起来的一类技术,与 MPLS 侧重描述数据包的转发机制不同,GMPLS 更多关注连接管理的功能,并因此做了很多便于连接管理能力的扩展。采用 GMPLS 技术,可以对光纤/端口交换、波长交换、时隙交换、二层交换、包交换等不同类型的交换技术进行统一控制和管理。

控制平面在 ASON 中的主要任务是控制传送平面功能,进行连接过程的动态建立、拆除,以及对连接的维护和恢复。其功能可分为连接管理、资源管理、路由管理三大部分,分别由信令协议、链路管理协议、路由协议来完成。

引入控制平面的目的就是要使网络"智能"起来,这就要求能够自动发现邻居/资源、自动计算路径、自动建立和管理连接(业务)。

1. 邻居发现

只有充分了解网络的节点、链路、带宽等信息,控制平面才能自动分配资源。实现网络的智能化,发现邻居及其相连的链路资源是基础。GMPLS 通过扩展 LMP 协议来进行自动邻居和链路发现,获得网络的资源信息,如图 5-21 所示。

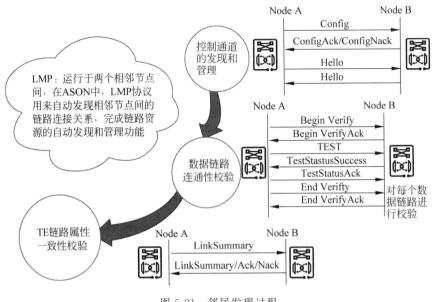

图 5-21　邻居发现过程

2. 拓扑发现

只知道邻居信息,还无法计算出端到端的路径,需要将邻居信息告知网络中的其他节点,通过相互通告,使得每个节点都知道全网的链路、资源信息,即拓扑信息。OSPF 协议和 IS-IS 协议是经典的域内路由协议。GMPLS 通过扩展 OSPF-TE、ISIS-TE 协议来进行资源扩散,以便获得全网的资源信息,生成拓扑,进行路径计算。目前,多数厂家使用 OSPF-TE 协议,如图 5-22 所示。

3. 业务创建

当从用户(网管/客户网络)接收到创建业务的请求后,首节点根据拓扑计算出端到端的路径,然后通过信令协议发起业务的建立。GMPLS 通过扩展 RSVP-TE、CR-

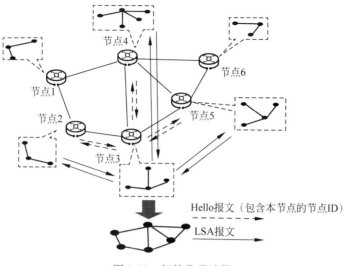

Hello报文（包含本节点的节点ID）

LSA报文

图 5-22　拓扑发现过程

LDP、PNNI 协议来实现业务的创建和管理，在实际应用中，多数厂家使用 RSVP-TE
协议，如图 5-23 所示。

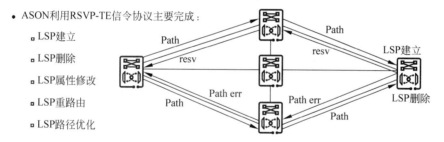

- ASON利用RSVP-TE信令协议主要完成：
  - LSP建立
  - LSP删除
  - LSP属性修改
  - LSP重路由
  - LSP路径优化

图 5-23　业务发现和路由协议

4. 业务故障后自动恢复（重路由）

在业务故障（如光纤中断）后，发现故障的节点将受影响的所有业务通过信令协议
消息通告给首节点，首节点重新为每条业务计算路径，并通过信令协议按新的路径建
立好业务连接，将业务切换到新的路径上进行传送，恢复业务，如图 5-24 所示。

5. 故障消失后业务自动返回

在业务原路径上的故障消失（如光纤修复）后，发现故障消失的节点将受影响的所
有业务通过信令协议消息通告给首节点，首节点将这些业务切换到它们的原始路径

上,并删除它们的恢复路径,从而将业务返回到原始路径上进行传送,如图 5-25 所示。

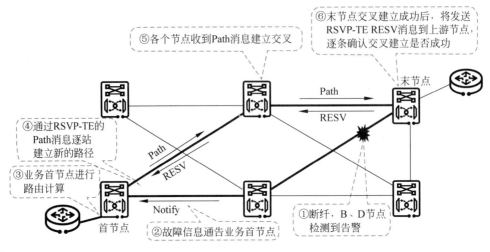

图 5-24　业务故障后自动恢复

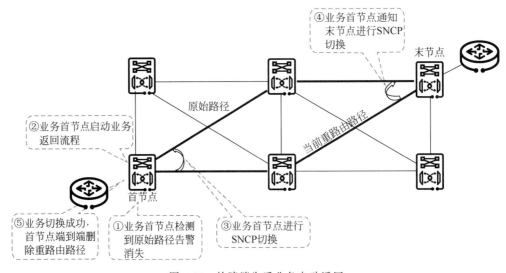

图 5-25　故障消失后业务自动返回

5.4.4　OLT 自动部署协议

在光接入网建设中,由于初始安装的 OLT 设备都是统一发货的,无法识别到该设备具体安装到什么运营商的什么站点上,所以新安装部署的 OLT 等设备也无法预先配置好管理的 IP 地址,按照传统的建设方式,必须要软件调测工程师携带便携机等到

OLT 站点本地,配置该 OLT 设备的管理 IP 地址和管理通道等,才可以支持在远程对该 OLT 设备的管理。

而智简光网络技术对传统的部署方案做了改进,实现了不需要软件调测工程师参与的 OLT 自动部署新能力。这也要求 OLT 设备能够支持相关的 IETF RFC 自动化部署协议。IETF RFC 8572 Secure Zero Touch Provisioning(SZTP)是一种在网络设备以出厂默认状态引导时安全配置网络设备的技术。该方案的变体使得它既可用于公有网络,也可用于私有网络。配置步骤能够更新启动映像、提交初始配置和执行任意脚本以满足辅助需求。更新的设备随后能够与其他系统建立安全连接。例如,设备可以与特定的网络管理系统建立 NETCONF(RFC 6241)和/或 RESTCONF(RFC 8040)连接。

IETF RFC8071 定义了 NETCONF 主动注册机制 Call Home 解决 OLT 设备初始安装之后的敏捷部署问题。Call Home 定义了 NETCONF Server 和 NETCONF Client 之间的信息交互功能,即 NETCONF Server(OLT 网元设备)主动发起 TCP 连接到 NETCONF Client,NETCONF Client 依据该连接建立 SSH、TLS 等安全通信通道,最终完成 NETCONF 通信。

图 5-26 中 OLT 的自动部署方案主要包括如下流程。

图 5-26 OLT 自动部署流程示意图

(1) 控制器预配置 OLT 自动部署策略,包含合法设备名单等。

(2) OLT 设备初始上电,系统启动成功,判断是否为新安装设备。

(3) 确认是否新安装设备,发起 DHCP 请求,请求控制器 IP 地址、NETCONF 默认用户名和密码。

(4) OLT 从 DHCP Server 处获取到控制器 IP,NETCONF 默认用户名和密码。

（5）OLT 自动使能 NETCONF 能力。

（6）OLT 基于 Call Home 标准发起 TCP 连接请求。

（7）TCP 连接建立成功之后,控制器使用 TCP 连接,向 OLT 设备建立 SSH 会话。

（8）控制器使用 SSH 会话,向设备发送 NETCONF 握手报文,进行 NETCONF 版本协商和能力集的交换,完成 NETCONF 通道的建立。

（9）NETCONF 通道建立后,控制器可直接下发 OLT 预配置和正常管理 OLT 设备。

第 6 章

全光自动驾驶网络系统安全

全光自动驾驶网络包括网络管控系统和网络通信设备,向上开放能力,使能网络业务,支持与运营支撑系统 OSS/BSS 以及业务应用 App 的集成对接。如图 6-1 所示。由于所处的网络位置极其关键,对于系统安全性的要求很高,需要实现全方位的防护。

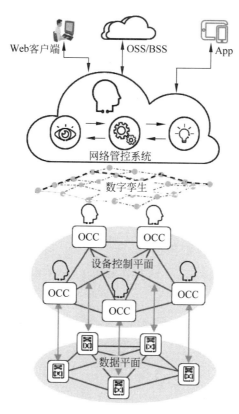

图 6-1　系统接口图

6.1 安全目标

全光自动驾驶网络系统安全解决方案目标是，在法律合规下保护产品、服务，以及其承载的用户数据的机密性、完整性、可用性，同时需具备可追溯性和抗攻击性。

（1）机密性：确保信息在存储、使用、传输过程中不被泄露给非授权用户、实体或过程。

（2）完整性：确保信息在存储、使用、传输过程中不会被非授权用户篡改，同时还要防止授权用户对系统及信息进行不恰当的篡改，保持信息内、外部表示的一致性。

（3）可用性：确保授权用户或实体对信息及资源的正常使用不会被异常拒绝，允许其可靠而及时地访问信息及资源。

（4）可追溯性：确保实体行动或信息流动可被追踪。

（5）抗攻击性：系统或设备遭受攻击时，具备必要的防护能力。

6.2 安全设计准则

信息系统的安全设计遵循如下基本原则。

（1）开放设计原则：采用业界主流算法和协议，不使用私有加密算法，不依赖设计的保密性和攻击者的无知。

（2）默认安全原则：默认进行了安全加固，使用安全协议，严格检查错误和日志信息，防止失败情况下的信息泄露。

（3）权限分离原则：操作用户、管理用户、业务用户分离，同时支持策略管理，指定更详细的权限分配。

（4）最小权限原则：程序采用最小权限用户运行，系统的每一个用户、每一个程序，都应该使用最小且必需的权限集来完成工作。

（5）完全仲裁原则：对每一个请求、每一次资源访问都需要做授权检查，以确保该用户拥有该资源的访问权限，同时记录访问日志以便于审计员审计。

（6）纵深防御的设计原则：对系统进行安全分层，从外到里进行分层（从外网→内网→服务主机→开放端口→协议接口→应用服务→业务数据等），每层采取对应安全准则和安全管理措施，各层相互协作、相互支撑，每层安全机制相互独立，上层不依赖底层的安全防护机制。

6.3　安全架构

在全光自动驾驶网络中，网络管控系统和网络通信设备由于所处的位置不同，采取的安全措施存在差异，具体分析如下。

6.3.1　网络管理和控制系统安全架构

网络管控系统部署在云端基础设施之上，从安全架构的角度分析，将该系统分为网络层、虚拟化平台、系统层、应用层，以及相应的安全运维体系，各部分的典型安全特性如所图 6-2 所示。通过设置尽可能强大的纵深防御能力，构建多层次多维度的网络

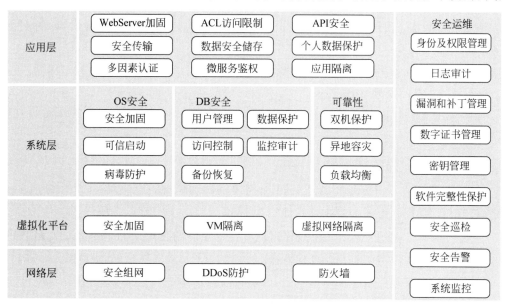

图 6-2　系统安全架构

管控系统安全架构。

（1）网络层：利用防火墙在系统外围构建安全的网络隔离，拦截攻击者并阻止其进入系统内部。

（2）虚拟化平台：通过虚拟机（VM）隔离、虚拟网络隔离等技术实现 VM 网络环境隔离，防止病毒在系统中肆意蔓延。

（3）系统层：通过 OS 操作系统加固、DB 数据库加固以及可靠性的改善措施，消除和减少系统安全漏洞，消除和降低系统安全隐患，提高攻击者对系统破坏的难度。

（4）应用层：通过采取访问控制、安全传输、数据加密、安全存储、个人数据保护等措施，减小和控制应用程序、数据丢失或损坏的风险，防止数据泄露或失窃。

（5）安全运维：通过采取身份及权限管理、数字证书管理、密钥管理等措施，防止非授权用户仿冒入侵，保障信息和数据的完整性和安全性。

6.3.2　网络通信设备安全架构

网络通信设备的安全架构由硬件和软件两部分组成，分别采用不同的安全技术措施。

1. 硬件安全架构

采用高可靠的硬件设计方法和冗余设计方法，系统可用性达到 99.999%，确保硬件系统不易受到安全威胁，或者受到安全威胁后仍能稳定可靠运行。

目前，光网络硬件平台采取了如下安全防范措施。

（1）支持前向纠错（FEC）特性，对光入侵、光扰乱等攻击行为具有一定程度的纠错能力。同时，对采用增强型 FEC 编码的硬件系统，即使窃听者截获了光传输信号，如果不掌握具体的编码实现方式也几乎不可能正确还原出原始数据帧内容，从而可以有效防止窃光带来的安全威胁。

（2）硬件平台设计采取了管理平面、业务平面物理隔离的设计方法，其中任何一个平面受到安全威胁，都不会影响到其他功能平面。

（3）机柜门支持上锁，防止未授权用户对设备硬件的物理访问。通过安装相应的监视装置，可远程查看机柜门的开启状态。

同时，硬件平台采取了如下冗余设计方法，即使系统受到安全威胁，硬件系统也能稳定可靠运行。

（1）支持电源板 1+1 保护。

（2）支持主控交叉时钟板 1＋1 保护。

（3）支持波长级和光纤级的 OLP 保护。

（4）采用双文件系统设计方案，对单板软件、配置信息、数据库等进行及时备份和有效保护。

（5）支持管理平面物理通道保护（板间以太网相互保护）。

2. 软件安全架构

网络通信设备需要处理的数据分为管理数据、控制数据和业务数据三类情况。据此，软件安全架构上，把设备划分为管理平面、控制平面和数据平面，数据在相互独立的物理通道或逻辑通道上各自传输，相互独立，某一种数据异常不会影响其他类型的数据。

（1）管理平面。管理平面提供设备接入与设备管理功能。例如接入设备的账户及密码管理、设备组网的通信协议、告警上报等都属于该平面。管理平面提供的安全特性，包括设备安全接入（SSL、SSH 等）、集中管理及安全审计等安全管理能力。

（2）控制平面。控制平面提供业务路由的自动计算、业务的建立和管理。控制平面通过标准的认证机制，为控制平面的协议提供安全保证。

（3）数据平面。数据平面负责处理进入设备的业务数据流，根据硬件转发表项对业务数据报文进行转发。数据平面安全性，一是防止用户业务报文被恶意窃取、修改、删除等，防止用户数据的机密性和完整性受到破坏；二是保证硬件转发行为可控，防止转发表项被恶意攻击篡改，保证设备转发过程稳定可靠运行。其主要功能包括用户业务的隔离、访问控制；数据出口、入口带宽可控制、可管理，避免业务流量失控（如流量控制）等。

第7章

全光自动驾驶网络的未来展望

全光自动驾驶网络以 L5 完全自治网络为终极目标，融合运用 SDN、云、大数据、AI、知识图谱等多种智能化技术，重点研究人工智能技术对未来网络架构、运维模式和商业模式的影响，用架构性创新实现全光网的智能升级。全光自动驾驶网络最终将会有如下四个关键转变。

（1）转变一：从人工操作到系统自动执行。传统低效、重复性的操作工作（如配置下发、变更、升级等）将被自动驾驶网络的自动化流程取代，从依赖运维人员"在流程中"(In the Loop)干预转化为运维人员"在流程之上"(On the Loop)管理并设计流程（包括规则、策略、工序等），大幅提升操作类工作效率，以应对未来海量连接和网络规模的繁重维护压力，极大地缩短网络建设和业务开通的时间。

（2）转变二：从投诉驱动的被动维护到可预测性的主动维护。从被动等待客户投诉的天级被动运维转变为分钟级主动识别、发现、解决问题并通知客户的主动运维，最终通过对海量数据的深度分析实现预测性运维，大幅增强网络异常识别和分析能力，持续提升网络运行质量和业务体验。

（3）转变三：从人工决策到机器自决策。传统运维依赖专家经验的模式将发生转变，在一定的条件下（如特定的组网、承载技术和安全授权等），发挥 AI 机器学习的优势汇聚全球优秀实践，自动驾驶网络可在人的监管之下进行自主决策，可增强系统应对复杂及不确定性问题的能力，大幅提升网络业务的响应速度、资源效率和能源效率等。

（4）转变四：从业务体验的开环管理到数据驱动的闭环体验，自治可承诺。传统"规、建、维、优"各个阶段相对独立，上下游之间依靠流程和人工传递，缺乏全流程的数据共享与智能来保障全生命周期的体验，未来到 L4 和 L5 的自动驾驶网络，将打通全流程数据流转实现闭环自治。在网络规划阶段，将明确网络的 SLA 策略包括但不限于网络的运行质量、开通时限、修复时限、生命周期等。在建设、维护及优化等环节针对预定的 SLA 策略进行自动的闭环自治，确保网络及业务体验可承诺，使能差异化网络服务的商业创新。

　　展望全光自动驾驶网络的未来发展,AI 将无处不在,贯穿整个 E2E 光网络全生命周期的改造和演进过程。光网络数字化和专家知识数字化、极简架构的基础设施和光网络分层自治都将是实现全光自动驾驶网络的核心关键。建立统一的全光自动驾驶能力评估体系,以评促建,全面开展全光自动驾驶能力量化评估,必将加速全光自动驾驶网络的落地。

附录

专业术语

缩　写	英　文　全　称	中　文　名　称
10G PON	10Gb/s Passive Optical Network	10G 无源光网络
AAA	Authentication, Authorization and Accounting	认证、授权和计费
AI	Artificial Intelligence	人工智能
ALU	Arithmetic Logical Unit	算术逻辑单元
API	Application Programming Interface	应用编程接口
APON	ATM Passive Optical Network	ATM 无源光网络
AR	Augmented Reality	增强现实
ASE	Amplified Spontaneous Emission	放大器自激发射
ASIC	Application-Specific Integrated Circuit	专用集成电路
ASON	Automatically Switched Optical Network	自动交换光网络
ATM	Asynchronous Transfer Mode	异步传输模式
BER	Bit Error Rate	误码率
BOD	Bandwidth On Demand	按需求分配带宽
BPON	Broadband Passive Optical Network	宽带无源光网络
BPU	Bridge Processing Unit	桥接处理单元
BRAS	Broadband Remote Access Server	宽带远程接入服务器
BSS	Business Support System	业务支撑系统
CAPEX	CAPital Expenditure	资本支出
CD	Chromatic Dispersion	色度色散
CLI	Command-Line Interface	命令行视图
CO	Central Office	中心局
CORBA	Common Object Request Broker Architecture	公共对象请求代理结构
CPE	Customer Premises Equipment	客户终端设备
CR-LDP	Constraint-based Routed Label Distribution Protocol	约束路由标签分发协议
CRPC	Case-shape Raman Pump amplifier unit for C-band	盒式 C 波段 Raman 驱动单元
CUDA	Compute Unified Device Architecture	通用并行计算架构
DB	Database	数据库
DCI	Downlink Control Information	下行控制信息
DCN	Data Communication Network	数据通信网

续表

缩　写	英　文　全　称	中　文　名　称
DHCP	Dynamic Host Configuration Protocol	动态主机配置协议
DMUX	Demultiplexer	解复用器
DPU	DisPatching Unit	分发单元
DSP	Digital Signal Processor	数字信号处理器
DWDM	Dense Wavelength Division Multiplexing	密集波分复用
E2E	End to End	端到端
EDFA	Erbium-Doped Fiber Amplifier	掺铒光纤放大器
EMS	Element Management System	网元管理系统
EPON	Ethernet Passive Optical Network	以太网无源光网络
ETSI	European Telecommunications Standards Institute	欧洲电信标准协会
F5G	the Fifth Generation Fixed Network	第五代固定网络
FE	Fast Ethernet	快速以太网
FEC	Forward Error Correction	前馈纠错
FPGA	Field Programmable Gate Array	现场可编程门阵列
FTTH	Fiber To The Home	光纤到户场景
GCC	General Communication Channel	通用通信信道
GE	Gigabit Ethernet	千兆以太网
GNE	Gateway Network Element	网关网元
GPON	Gigabit-Capable Passive Optical Network	千兆比特无源光网络
GPU	General Process Unit	通用处理器板
GRE	Generic Routing Encapsulation	通用路由封装协议
GUI	Graphical User Interface	图形用户界面
HA	High Availability	高可用性
HDFS	High Density applications in the Fixed Service	固定业务的高密度应用
HDTV	High-Definition Television	高清电视
HP	Higher order Path	高阶通道
HTTP	Hypertext Transfer Protocol	超文本传输协议
HTTPS	Hypertext Transfer Protocol Secure	安全超文本传输协议
IDL	Interface Definition Language	接口定义语言
IETF	Internet Engineering Task Force	因特网工程任务组
IIOP	Internet Inter-ORB Protocol	互联网对象需求中介协议
IPTV	Interactive Personality TV	交互式网络电视
ISG	International Service Gateway	国际业务网关
ITU-T	International Telecommunication Union-Telecommunication Standardization Sector	国际电联电信标准化部门
JSON	JavaScript Object Notation	JavaScript 对象表示法
KPI	Key Performance Indicator	关键性能指标

缩　写	英 文 全 称	中 文 名 称
LMP	Link Management Protocol	链路管理协议
LMU	Location Measurement Unit	位置统计单元
MIB	Management Information Base	管理信息库
MPLS	Multiprotocol Label Switching	多协议标记交换
MS	Multiplex Section	复用段
MSTP	Multi-Service Transmission Platform	多业务传送平台
MTBF	Mean Time Between Failures	平均无故障时间
MTOSI	Multi-Technology Operations System Interface	多技术操作系统接口
MTTR	Mean Time To Repair	平均修复时间
MUX	MUltipleXer	复用器
NFV	Network Functions Virtualization	网络功能虚拟化
NMS	Network Management System	网络管理系统
NPU	Network Process Unit	网络处理单元
NSAP	Network Service Access Point	网络服务接入点
OA	Optical Amplifier	光放大器
OCh	Optical Channel with full functionality	完整功能光信道
ODF	Optical Distribution Frame	光纤配线架
ODN	Optical Distribution Network	光分配网络
ODUk	Optical channel Data Unit-k	光通道数据单元 k
OLA	Optical Line Amplifier	光线路放大设备
OLP	Optical Line Protection	光线路保护
OLT	Optical Line Terminal	光线路终端
OMS	Optical Multiplexing Section	光复用段
ONT	Optical Network Terminal	光网络终端
ONU	Optical Network Unit	光网络单元
OPEX	Operating Expense	运营支出
OPUk	Optical channel Payload Unit-k	光通道开销单元 k
OSC	Optical Supervisory Channel	光监控信道
OSN	Optical Switch Node	光交换节点
OSNR	Optical Signal-to-Noise Ratio	光信噪比
OSPF	Open Shortest Path First	开放式最短路径优先
OSPF-TE	Open Shortest Path First-Traffic Engineering	开放式最短路径优先流量工程
OSS	Open-Source Software Agreement	开源软件协议
OSS	Operations Support System	运营支撑系统
OTN	Optical Transmission Network	光传输网
OTS	Optical Transmission Section	光传输段

续表

缩　　写	英　文　全　称	中　文　名　称
OTT	Over The Top	OTT 解决方案
OTU	Optical Transponder Unit	光转换器单元
OTUk	Optical channel Transport Unit-k	光通道传送单元 k
OXC	Optical Cross-Connect	光交叉连接
PDH	Plesiochronous Digital Hierarchy	准同步数字体系
PDL	Polarization-Dependent Loss	偏振相关损耗
PMD	Polarization Mode Dispersion	偏振模色散
PNNI	Private Network-Node Interface	私有网络节点接口
PON	Passive Optical Network	无源光网络
QoS	Quality of Service	服务质量
QPSK	Quadrature Phase Shift Keying	正交相移键控
REST	Representational State Transfer	表征状态转移
RFC	Requirement For Comments	征求意见稿
ROADM	Reconfigurable Optical Add/Drop Multiplexer	动态光分插复用
RSVP-TE	Resource ReserVation Protocol-Traffic Engineering	针对流量工程扩展的资源预留协议
SAN	Session Aware Network	会话感知网络
SDH	Synchronous Digital Hierarchy	同步数字体系
SDN	Software-Defined Networking	软件定义网络
SHLR	Smart Home Location Register	智能归属位置寄存器
SLA	Service Level Agreement	服务水平协议
SNCP	SubNetwork Connection Protection	子网连接保护
SNMP	Simple Network Management Protocol	简单网络管理协议
SONET	Synchronous Optical NETwork	同步光纤网
SR	Service Request	服务请求
SRAU	Separate Remote Access Unit	分布式远程接入单元
SRLG	Shared Risk Link Group	共享风险链路组
SSE	Server-Sent Event	服务器推送事件
SSH	Secure Shell	安全外壳
TDM	Time Division Multiplexing	时分复用
TL1	Transaction Language 1	交易语言 1
TLS	Transport Layer Security	传输层安全性协议
TMF	Telecommunication Management Forum	电信管理论坛
TMN	Telecommunications Management Network	电信管理网
TPON	Telephony over Passive Optic Network	电话无源光网路
URI	Uniform Resource Identifier	统一资源标识符
VOA	Variable Optical Attenuator	可调光衰减器

缩　　写	英 文 全 称	中 文 名 称
VPN	Virtual Private Network	虚拟专用网
VR	Virtual Reality	虚拟现实
WDM	Wavelength Division Multiplexing	波分复用
Wi-Fi	Wireless Fidelity	无线保真
WSDL	Web Services Description Language	Web 业务描述语言
WSS	Wavelength Selective Switching	波长选择开关
XML	Extensible Markup Language	可扩展标记语言
YAML	Yet Another Multicolumn Layout	另一种标记语言